职业技术·职业资格培训教材

数据库管理人员

主　编　栾东庆　徐龙章
编　者　方　针　郑方萍　朱法枝
主　审　顾春华

基础知识

中国劳动社会保障出版社

图书在版编目（CIP）数据

数据库管理人员．基础知识/上海市职业技能鉴定中心组织编写．—北京：中国劳动社会保障出版社，2012

1＋X 职业技术·职业资格培训教材

ISBN 978-7-5167-0075-4

Ⅰ.①数… Ⅱ.①上… Ⅲ.①数据库管理系统-技术培训-教材 Ⅳ.①TP311.13

中国版本图书馆 CIP 数据核字（2012）第 294986 号

中国劳动社会保障出版社出版发行

（北京市惠新东街 1 号 邮政编码：100029）

出 版 人：张梦欣

*

北京市艺辉印刷有限公司印刷装订 新华书店经销
787 毫米×1092 毫米 16 开本 9.5 印张 178 千字
2012 年 11 月第 1 版 2012 年 11 月第 1 次印刷

定价：21.00 元

读者服务部电话：010-64929211/64921644/84643933
发行部电话：010-64961894
出版社网址：http://www.class.com.cn

版权专有 侵权必究
举报电话：010-64954652

如有印装差错，请与本社联系调换：010-80497374

内容简介

本教材由人力资源和社会保障部教材办公室、中国就业培训技术指导中心上海分中心、上海市职业技能鉴定中心依据上海1＋X数据库管理人员（Oracle）和数据库管理人员（SQL Server）职业技能鉴定细目组织编写。教材从强化培养操作技能，掌握实用技术的角度出发，较好地体现了数据库管理的实用知识与操作技术，对于提高数据库管理人员的基本素质，掌握核心知识与技能有直接的帮助和指导作用。

本教材在编写中根据本职业的工作特点，以能力培养为根本出发点，采用模块化的编写方式。本教材内容共分为6章，主要包括：数据库系统概述、关系数据库、关系数据库标准语言SQL、关系规范化理论、数据库设计、数据库实现技术。

本教材可作为数据库管理人员各等级职业技能培训与鉴定考核教材，也可供全国中、高等职业技术院校相关专业师生参考使用，以及本职业从业人员培训使用。

前　　言

　　职业培训制度的积极推进，尤其是职业资格证书制度的推行，为广大劳动者系统地学习相关职业的知识和技能，提高就业能力、工作能力和职业转换能力提供了可能，同时也为企业选择适应生产需要的合格劳动者提供了依据。

　　随着我国科学技术的飞速发展和产业结构的不断调整，各种新兴职业应运而生，传统职业中也愈来愈多、愈来愈快地融进了各种新知识、新技术和新工艺。因此，加快培养合格的、适应现代化建设要求的高技能人才就显得尤为迫切。近年来，上海市在加快高技能人才建设方面进行了有益的探索，积累了丰富而宝贵的经验。为优化人力资源结构，加快高技能人才队伍建设，上海市人力资源和社会保障局在提升职业标准、完善技能鉴定方面做了积极的探索和尝试，推出了1＋X培训与鉴定模式。1＋X中的1代表国家职业标准，X是为适应上海市经济发展的需要，对职业的部分知识和技能要求进行的扩充和更新。随着经济发展和技术进步，X将不断被赋予新的内涵，不断得到深化和提升。

　　上海市1＋X培训与鉴定模式，得到了国家人力资源和社会保障部的支持和肯定。为配合上海市开展的1＋X培训与鉴定的需要，人力资源和社会保障部教材办公室、中国就业培训技术指导中心上海分中心、上海市职业技能鉴定中心联合组织有关方面的专家、技术人员共同编写了职业技术·职业资格培训系列教材。

　　职业技术·职业资格培训教材严格按照1＋X鉴定考核细目进行编写，教材内容充分反映了当前从事职业活动所需要的核心知识与技能，较好地体现了适用性、先进性与前瞻性。聘请编写1＋X鉴定考核细目的专家，以及相关行业的专家参与教材的编审工作，保证了教材内容的科学性及与鉴定考核细目以及题库的紧密衔接。

　　职业技术·职业资格培训教材突出了适应职业技能培训的特色，使读者通过学习与培训，不仅有助于通过鉴定考核，而且能够真正掌握本职业的核心技术与操作技能，从而实现从懂得了什么到会做什么的飞跃。

职业技术·职业资格培训教材立足于国家职业标准，也可为全国其他省市开展新职业、新技术职业培训和鉴定考核，以及高技能人才培养提供借鉴或参考。

本教材在编写过程中，得到了上海工程技术大学的大力支持与协作，在此表示衷心的感谢。

新教材的编写是一项探索性工作，由于时间紧迫，不足之处在所难免，欢迎各使用单位及个人对教材提出宝贵意见和建议，以便教材修订时补充更正。

人力资源和社会保障部教材办公室
中国就业培训技术指导中心上海分中心
上海市职业技能鉴定中心

目录

第1章 数据库系统概述
- 第1节 数据库系统基础知识 ·· 2
- 第2节 数据库系统的组成与结构 ······································ 10
- 第3节 数据库系统的模式结构 ·· 13
- 第4节 数据库管理系统 ·· 15
- 第5节 数据模型 ·· 17

第2章 关系数据库
- 第1节 关系模型的基本概念 ·· 26
- 第2节 关系代数 ·· 30
- 第3节 关系演算 ·· 36
- 第4节 查询优化 ·· 43

第3章 关系数据库标准语言 SQL
- 第1节 SQL 概述 ·· 48
- 第2节 数据定义 ·· 50
- 第3节 数据查询 ·· 55
- 第4节 数据操纵 ·· 64
- 第5节 视图 ·· 66
- 第6节 数据控制 ·· 71

第4章 关系规范化理论
- 第1节 数据依赖与函数依赖 ·· 74
- 第2节 范式 ·· 76
- 第3节 模式分解 ·· 80

第5章 数据库设计

第1节 数据库设计概述 …………………………………………… 90
第2节 数据库概念设计 …………………………………………… 93
第3节 数据库逻辑设计 …………………………………………… 100
第4节 数据库物理设计 …………………………………………… 105
第5节 数据库的实施与运行维护 ………………………………… 108

第6章 数据库实现技术

第1节 事务 ………………………………………………………… 114
第2节 数据库恢复技术 …………………………………………… 116
第3节 并发控制 …………………………………………………… 120
第4节 数据库的完整性 …………………………………………… 132
第5节 数据库的安全性 …………………………………………… 136

参考文献 ………………………………………………………… 142

第 1 章

数据库系统概述

第 1 节　数据库系统基础知识	/2
第 2 节　数据库系统的组成与结构	/10
第 3 节　数据库系统的模式结构	/13
第 4 节　数据库管理系统	/15
第 5 节　数据模型	/17

数据库管理人员（基础知识）

随着计算机技术与网络通信技术的发展，数据库已发展成为信息社会中对大量数据进行组织与管理的重要技术，是信息系统的基础。本章主要介绍数据库的相关概念和基本原理。

第1节 数据库系统基础知识

一、基本概念

1. 信息和数据

（1）信息。信息是现实世界中各种事物（包括有生命的和无生命的、有形的和无形的）的存在方式、运动形态以及它们之间的相互联系等诸要素在人脑中的反映，通过人脑的抽象后形成概念。这些概念不仅被人们认识和理解，而且人们可以对它们进行推理、加工和传播。

一般来说，与信息这一概念密切相关的概念包括约束、沟通、控制、数据、形式、指令、知识、含义、精神刺激、模式、感知以及表达。信息是人们在适应外部世界并使这种适应反作用于外部世界过程中，同外部世界进行互相交换的内容和名称。

（2）数据。数据一般是指信息的一种符号化表示形式，即用一定的符号来表示信息，而具体采用什么符号，完全视乎人为规定。

数据是数据库中存储的基本对象，定义描述事物的符号记录。数据的种类包括文本、图形、图像、音频、视频、学生的档案记录、货物的运输情况等。

【例1—1】 93是一个数据。

语义1：学生某门课的成绩。

语义2：某人的体重。

语义3：计算机系2003级学生人数。

数据经过数字化后可以存入计算机，数据与其语义是不可分的。

【例1—2】 学生档案中的学生记录。

（李明，男，1982，江苏，计算机系，2000）

学生记录的语义：

学生姓名、性别、出生年份、籍贯、所在系别、入学时间。

学生记录的解释：

李明是个大学生，男，1982年出生，江苏人，2000年考入计算机系。

多条学生记录可以形成一张数据表（见表1—1）。

表1—1　　　　　　　　　　　　学生登记数据表

学号	姓名	年龄	性别	系名	年级
1210080055	高佩燕	20	女	新闻学	12
1210080066	雷左右	19	男	经济法	12
1210080088	蓝天	18	男	经济学	12
…	…	…	…	…	…

2. 数据处理

数据处理是将数据转换成信息的过程，这一过程主要是指对所输入的数据进行加工整理，包括对数据的收集、存储、加工、分类、检索和传播等一系列活动。

数据也是对事实、概念或指令的一种表达形式，可以人工或自动化进行处理。数据的形式可以是数字、文字、图形或声音等。数据经过解释并赋予一定的意义之后，便成为信息。数据处理的基本目的是从大量的、可能是杂乱无章的、难以理解的数据中抽取并推导出对于某些特定的人们来说是有价值、有意义的内容。

第2章将详细介绍关系数据库数据处理与关系运算，第3章讲述用于关系数据库数据处理的数据库语言SQL。

3. 数据库

数据库（Database，DB）是长期储存在计算机内、有组织的、可共享的大量数据集合。

数据库有如下特征：

(1) 数据按一定的数据模型组织、描述和储存。

(2) 可供各种用户共享。

(3) 冗余度较小。

(4) 数据独立性较高。

(5) 易扩展。

本书将着重介绍关系数据库系统、关系数据库设计，以及关系数据库实现技术等内容。

4. 数据库管理系统

数据库管理系统（Database Management System，DBMS)是位于用户与操作系统之间的一层数据管理软件，主要用于建立、使用和维护数据库。它对数据库进行统一的管理和控制，以保证数据库的安全性和完整性。用户通过 DBMS 访问数据库中的数据，数据库管理员（Database Administrator，DBA）也通过 DBMS 进行数据库的维护工作。它可使多个应用程序和用户用不同的方法在同时或不同时刻建立、修改和查询数据库。

DBMS 提供数据定义语言（Data Definition Language，DDL）与数据操作语言（Data Manipulation Language，DML），供用户定义数据库的模式结构与权限约束，实现对数据的追加、删除等操作。DBMS 的作用是科学地组织和存储数据、高效地获取和维护数据。

5. 数据库系统

数据库系统（Database System，DBS）是指在计算机系统中引入数据库后的系统构成。由数据库、数据库管理系统（及其开发工具）、应用系统、数据库管理员（和用户）构成。在不引起混淆的情况下常常把数据库系统简称为数据库。

数据库系统构成图如图 1—1 所示。

第 5 章会详细介绍数据库设计的方法和原理。

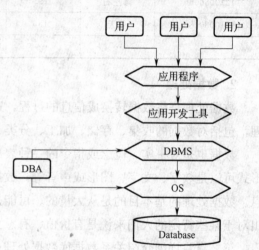

图 1—1　数据库系统构成图

6. 数据挖掘

数据挖掘（Data Mining）就是从大量的、不完全的、有噪声的、模糊的、随机的实际应用数据中，提取隐含在其中的、人们事先不知道的但又是潜在有用的信息和知识的过程。与数据挖掘相近的术语有：数据融合、知识发现、知识抽取、数据分析和决策支持等。

数据挖掘作为一个工具，应用于很多领域。同时，数据挖掘又是一个交叉学科领域，受多个学科的影响，包括数据库系统、统计学、机器学习等。根据挖掘任务的不同，可分为分类或预测模型发现、数据总结、聚类、关联规则发现、序列模式发现、依赖关系或依赖模型发现等。根据挖掘对象分类，有关系数据库、面向对象数据库、空间数据库、时态数据库、多媒体数据库以及 Web。根据挖掘方法分类，可分为机器学习方法、统计方法、神经网络方法和数据库方法。机器学习方法包含归纳学习方法、基于案例学习方法、遗传算法等。统计方法包含回归分析、判别分析、聚类分析、探索性分析等。

数据挖掘是信息技术自然进化的结果。近年来，数据挖掘引起了信息产业界的极大关注，其主要原因是生活中存在大量可以广泛使用的数据，这些数据迫切需要转换成有用的信息和知识。获取到的信息和知识可以广泛用于各种应用，包括商务管理、生产控制、市场分析、工程设计和科学研究等。

数据挖掘是数据库技术发展的一个新兴的、很有潜力的应用方向。

7. 数据仓库

数据仓库（Data Warehouse，DW）概念的创始人 W. H. Inmon 给数据仓库作出了如下定义：数据仓库是面向主题的、集成的、稳定的、不同时间的数据集合，用以支持经营管理中的决策制定过程。其主要的特征如下：

(1) 数据仓库是面向主题的。

(2) 数据仓库是集成的。

(3) 数据仓库是稳定的。

(4) 数据仓库是随时间变化的。

数据仓库也是数据库一个较新的应用领域。

二、数据管理技术的发展过程

数据管理是指如何对数据分类、组织、编码、存储、检索和维护，是数据处理的中心问题。数据管理经历了人工管理、文件系统和数据库系统 3 个阶段，如图 1—2 所示。

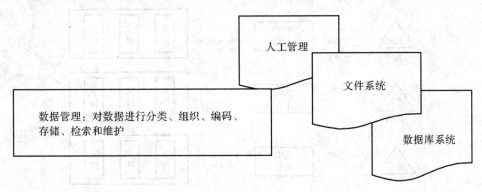

图 1—2　数据管理技术发展阶段图

1. 人工管理阶段

在 20 世纪 50 年代中期以前，计算机主要用于科学计算。在当时的硬件状况下，外存只有纸带、卡片、磁带，没有磁盘等直接存取的存储设备；软件没有操作系统，没有管理数据的软件；数据处理的方式是批处理。人工管理阶段的数据管理如图 1—3 所示。

人工管理阶段的特点如下：

(1) 数据的管理者是用户（程序员），数据不保存。

(2) 数据面向的对象是某一应用程序。

(3) 数据的共享程度是无共享、冗余度极大。

（4）数据的独立性是不独立，完全依赖于程序。

（5）数据的结构化是无结构。

（6）数据控制能力是应用程序自己控制。

2. 文件系统阶段

20世纪50年代后期到60年代中期，计算机的应用范围逐渐扩大，计算机不仅用于

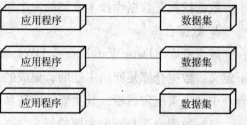

图1—3　人工管理阶段的数据管理

科学计算，而且还大量用于管理。这时硬件方面已有了磁盘、磁鼓等直接存取的存储设备；软件方面，操作系统中已经有了专门的数据管理软件，一般称为文件系统；处理方式上不仅有了文件批处理，而且能够联机实时处理。文件系统阶段的数据管理如图1—4所示。

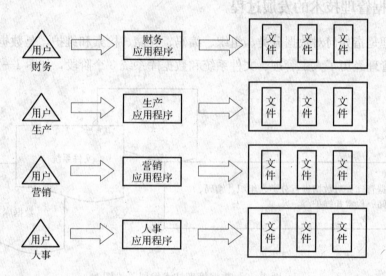

图1—4　文件系统阶段的数据管理

文件系统阶段的特点如下：

（1）数据的管理者是文件系统，数据可长期保存。

（2）数据面向的对象是某一应用程序。

（3）数据的共享程度是共享性差、冗余度大。

（4）数据的结构化是记录内有结构，整体无结构。

（5）数据的独立性是独立性差，数据的逻辑结构改变必须修改应用程序。

（6）数据控制能力是应用程序自己控制。

传统的文件管理存在的许多问题终于在20世纪60年代末得到解决。这时进入了数据

处理、管理和分析阶段。1968年，IBM公司推出了商品化的基于层次模型的信息管理系统（Information Management System，IMS）。IMS系统是一种宿主语言系统。1969年，美国数据系统语言协商会（Conference On Data System Language，CODASYL）组织下属的数据库任务组（Data Base Task Group，DBTG）发布了一系列研究数据库方法的DBTG报告，该报告奠定了网状数据模型的基础。1970年，IBM公司的研究人员E. F. Codd连续发表论文，提出了关系模型，奠定了关系型数据库管理系统的基础。从此以后，由传统的文件系统阶段向现代的数据库系统阶段转变。

3. 数据库系统阶段

20世纪60年代后期至今，计算机用于管理的规模更为庞大，应用越来越广泛，数据量急剧增长，同时多种应用、多种语言共享数据集合的要求越来越强烈。这时硬件出现了大容量磁盘，且价格下降，而为编制和维护系统软件及应用程序所需的成本相对增加，软件价格上升。在处理方式上，联机实时处理要求更多，并开始提出和考虑分布处理。在这种背景下，以文件系统作为数据管理手段已经不能满足应用的需求，于是为解决多用户、多应用共享数据的需求，使数据为尽可能多的应用服务，出现了数据库技术和统一管理数据的专门软件系统——数据库管理系统。

数据库技术从20世纪60年代中期产生到现在仅有四五十年的历史，但其发展速度之快，应用范围之广是其他技术所不及的。20世纪60年代末出现了第一代数据库——网状数据库、层次数据库，70年代出现了第二代数据库——关系数据库。目前关系数据库系统已经发展成为最流行的商用数据库系统，其数据管理如图1—5所示。

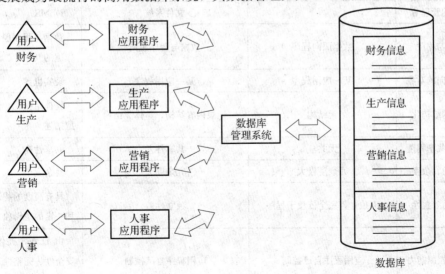

图1—5 数据库系统阶段的数据管理

数据库系统阶段的特点如下:
(1) 数据结构化。
(2) 数据的共享性高,冗余度低,易扩充。
(3) 数据独立性高。
(4) 数据由 DBMS 统一管理和控制。

4. 数据管理技术发展的 3 个阶段比较(见表 1—2)

表 1—2　　　　　　　　　数据管理各发展阶段的比较

比较点	人工管理阶段	文件系统阶段	数据库系统阶段
时间	20 世纪 50 年代中期以前	20 世纪 50 年代后期—60 年代中期	20 世纪 60 年代后期至今
应用背景	科学计算	科学计算、管理	大规模管理
硬件背景	无直接存取存储设备	磁盘、磁鼓	大容量磁盘
软件背景	无操作系统	有操作系统(文件系统)	有 DBMS
处理方式	批处理	批处理、联机实时处理	批处理、联机实时处理、分布处理
数据保存方式	数据不保存	以文件的形式长期保存,但无结构	以数据形式保存,有结构
数据管理	考虑安排数据的物理存储位置	与数据文件名打交道	对所有数据实行统一、集中、独立的管理
数据的管理者	人	文件系统	DBMS
数据与程序	数据面向程序	数据与程序脱离	数据与程序脱离,实现数据的共享
数据面向的对象	某一应用程序	某一应用程序	现实世界
数据的结构化	无结构	记录内有结构,整体无结构	整体结构化,用数据模型描述
数据的共享程度	无共享	共享性差	共享性高
数据的冗余度	冗余度极大	冗余度大	冗余度小
数据的独立性	不独立,完全依赖于程序	独立性差	具有高度的物理独立性和一定的逻辑独立性
数据的控制能力	应用程序自己控制	应用程序自己控制	由 DBMS 提供数据的安全性、完整性、并发控制和恢复能力

5. 数据库技术的发展

数据库技术环境是指数据库技术产生和发展的基础，包括飞速发展的计算机技术和不断增长的管理信息需求。数据库技术最重要的作用是处理数据，这需要把大量的数据存储在存储器中。因此，存储器的类型、容量和速度直接影响着数据库技术的发展。高级语言提供了大量功能强大、操作方便的工具，大大提高了数据库处理各种数据的能力，使得数据库技术的发展有了可靠的保障。从信息需求来看，计算应用范围的不断扩大和计算需求的不断增长也推动着数据库技术的发展。

数据库技术应用于特定领域，出现了多种数据库。特定领域的数据库技术见表1—3。

表1—3　　　　　　　　　　特定领域的数据库技术

类型	说明
数据仓库	是一个面向主题的、集成的、不可更新的数据集合，用以决策分析处理。可以充分利用数据挖掘技术，把数据转换为信息，从中挖掘出知识
空间数据库	是存储和处理空间数据及其属性数据的数据库系统，用于地理信息系统
工程数据库	是能存储和管理各种工程设计图形和工程设计文档，能为工程设计提供各种服务的数据库
统计数据库	是管理统计数据的数据库系统。其目的是向用户提供各种统计汇总信息

6. 数据库技术面临的挑战

信息技术的不断发展和信息需求的不断增长，是数据库技术不断发展的动力。信息技术的快速发展和系统功能的增强，为数据库技术提供了坚实的基础。

但是信息需求的深入和多样化产生了许多需要解决的新问题，数据库技术在发展的同时也面临诸多挑战（见表1—4）。

表1—4　　　　　　　　　　数据库技术面临的挑战

类型	说明
环境的变化	数据库系统的应用环境由可控制的环境转变为多变的异构信息集成环境和 Internet 环境
数据类型的变化	数据库中的数据类型由结构化扩大至半结构化、非结构化和多媒体数据类型
数据来源的变化	大量数据将来源于实时和动态的传感器或监测设备，需要处理的数据量剧增
数据管理要求的变化	许多新型应用需要支持协同设计和工作流管理

第 2 节 数据库系统的组成与结构

一、数据库系统的组成

数据库系统（DBS）是应用了数据库技术的计算机系统。它是一个实际可运行的，按照数据库方法存储、维护和向应用系统提供数据支持的系统。数据库系统一般由数据库、硬件、软件和人员组成。

1. 数据库及硬件平台

数据库是长期存储在计算机内有组织的大量共享数据的集合。它可以使各种用户互不影响，具有最小冗余度和较高的数据独立性。数据库可以分成两类：一类是应用数据的集合，称为物理数据库，它是数据库的主体；另一类是各级数据结构的描述，称为描述数据库。

由于数据库系统数据量都很大，加之 DBMS 丰富的功能使得自身的规模也很大，因此整个数据库系统对硬件资源提出了较高的要求：

（1）有足够大的内存，能存放操作系统、DBMS 的核心模块、数据缓冲区和应用程序。

（2）有足够大的磁盘等直接存取设备存放数据库，并需有用做备份存储的磁盘。

（3）要求系统有较高的通道能力，以提高数据传送率。

2. 软件

数据库系统的软件如下：

（1）DBMS。DBMS 是为数据库的建立、使用和维护而配置的软件。

（2）支持 DBMS 运行的操作系统。

（3）具有与数据库接口的高级语言及其编译系统，便于开发应用程序。

（4）为特定应用环境开发的数据库应用系统。

（5）以 DBMS 为核心的应用开发工具。

应用开发工具是系统为应用开发人员和最终用户提供的高效率、多功能的应用生成器、第四代语言等各种软件工具。它们为数据库系统的开发和应用提供了良好的环境。

3. 人员

（1）DBA。数据库管理员（DBA）通常负责数据库的常规管理维护工作，主要有以下一些职责：

1) 决定数据库中的信息内容和结构。
2) 决定数据库的存储结构和存取策略。
3) 定义数据的安全性要求和完整性约束条件。
4) 监控数据库的使用和运行。
5) 数据库的改进和优化。
6) 数据库的重组织和重构。

(2) 分析与设计人员。分析与设计人员负责应用系统的需求分析和规范说明，与用户及 DBA 合作，确定系统的软硬件配置，参与数据库系统的概要设计，参加用户需求调查和系统分析，确定数据库中的数据设计。

(3) 应用程序员。应用程序员主要负责设计和编写应用系统的程序模块，并进行调试和安装。

(4) 终端用户。终端用户主要由偶然用户、初级用户和高级用户等组成。偶然用户通常是企业或组织机构的中高级管理人员；初级用户一般是操作人员；高级用户经常直接使用数据库语言访问数据库，甚至能够基于数据库管理系统的 API（Application Program Interface，应用程序接口）编制自己的应用程序。

二、数据库系统的结构

数据库系统的结构如图 1—6 所示。

结合上文中数据库系统的组成，不考虑操作系统，可以把数据库系统分为四个层次：用户、界面、DBMS 和磁盘存储器。下面简要介绍几个重要的模块。

1. DBMS 的查询处理器

DBMS 主要由以下 4 个部分组成：

(1) DML 编译器。对 DML 语句进行优化并转换成查询运行核心程序能执行的低层指令。

(2) 嵌入式 DML 预编译器。把嵌入在主语言中的 DML 语句处理成规范的过程调用形式。

(3) DDL 编译器。编译或解释 DDL 语句，并把它登录在数据字典中。

(4) 查询运行核心程序。执行由 DML 编译器产生的低层指令。

图 1—6 中的应用程序目标码是由主语言编译程序和编译器对应用程序编译后产生的目标程序。

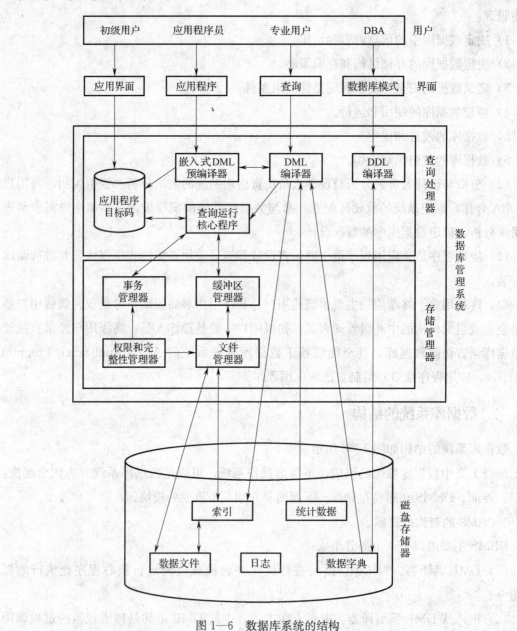

图1—6 数据库系统的结构

2. DBMS的存储管理器

存储管理器提供存储在数据库中的低层数据和应用程序、查询之间的接口。存储管理器可分为4个部分。

(1) 权限和完整性管理器。测试应用程序是否满足完整性约束，检查用户访问数据的合法性。

(2) 事务管理器。DBS 的逻辑工作单元称为事务（Transaction），事务由对 DB 的操作序列组成。事务管理器用于确保一致性状态，并保证并发操作正确执行。

(3) 文件管理器。负责磁盘空间的合理分配，管理物理文件的存储结构和存取方式。

(4) 缓冲区管理器。为应用程序开辟的系统缓冲区，负责将从磁盘中读出的数据送入内存的缓冲区，并决定哪些数据应进入高速缓冲存储器。

3. 磁盘存储器中的数据结构

磁盘存储器中的数据结构有 5 种形式。

(1) 数据文件。存储数据库自身。数据库在磁盘上的基本组织形式是文件，这样可以充分利用 OS 管理外存的功能。

(2) 数据字典。存储三级结构的描述（一般称为元数据）。

(3) 索引。为提高查询速度而设置的逻辑排序手段。

(4) 统计数据。存储 DBS 运行时统计分析的数据。查询处理器可使用这些信息更有效地进行查询处理。

(5) 日志。存储 DBS 运行时对 DB 的操作情况，以备以后查阅数据库的使用情况及数据库恢复时使用。

第 3 节　数据库系统的模式结构

一、模式

1. 模式的概念

模式即解决某一类问题的方法论。把解决某类问题的方法总结归纳到理论高度就是模式。模式是一种指导，在一个良好的指导下，有助于完成任务，有助于做出一个优良的设计方案，达到事半功倍的效果。而且会得到解决问题的最佳办法。

模式是对数据库中全体数据的逻辑结构和特征的描述，它仅仅涉及型的描述，不涉及具体的值。模式的一个具体值称为模式的一个实例。

在关系数据库中，关系名和关系的属性集称为关系的模式。

一般地说，模式的表示形式有两种：

第一，模式名加上圆括号括起来的属性集。

第二，使用模式名加上等号，然后使用圆括号括起来的属性集。

在关系模型中，数据库设计包含了一个或多个关系模式。关系数据库模式就是关系模式的集合，简称数据库模式。

一个模式可有很多实例，模式反映数据的结构及联系，实例反映的是某一时刻数据库的状态。模式相对稳定，而实例相对变动较多。

2. 型和值

(1) 型（Type）。型是指对某一类数据的结构和属性的说明。

(2) 值（Value）。值是型的一个具体赋值。

【例 1—3】

（学号，姓名，性别，系别）——型

（2001001，李明，男，计算机）——值

二、数据库系统的三级模式结构（见图 1—7）

1. 逻辑模式

模式也称逻辑模式，是数据库中全体数据的逻辑结构和特征的描述，是所有用户的公用数据视图。一个数据库只有一个模式。

2. 内模式

内模式也称存储模式，它是数据物理结构和存储结构的描述，是数据在数据库内部的表示方式。一个数据库只有一个内模式。其主要描述以下内容：

(1) 记录的存储方式（顺序存储，按照 B 树结构存储，按 Hash 方法存储）。

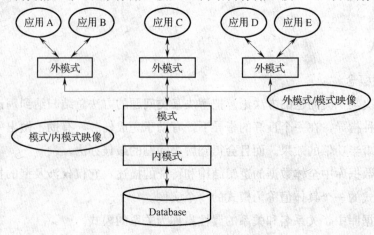

图 1—7 数据库系统的三级模式结构

(2) 索引的组织方式。

(3) 数据是否压缩存储。

(4) 数据是否加密。

(5) 数据存储记录结构的规定。

3. 外模式

外模式也称子模式或用户模式，它是数据库用户（包括应用程序员和最终用户）看见和使用的局部数据的逻辑结构和特征的描述，是数据库用户的数据视图，是与某一应用有关的数据的逻辑表示。一个数据库可以有多个外模式。

4. 二级映像与数据独立性

数据库系统在这三级模式之间提供了两层映像：外模式/模式映像和模式/内模式映像，正是这两层映像保证了数据库系统的数据能够具有较高的逻辑独立性和物理独立性，如图1—8所示。

每一个外模式，数据库系统都有一个外模式/模式映像，它定义了该外模式与模式之间的对应关系。当模式改变时（如增加新的数据类型、新的数据项、新的关系等），数据库管理员对各个外模式/模式的映像作相应改变，可以使外模式保持不变，从而使应用程序不必修改，保证了数据的逻辑独立性。

模式/内模式映像是唯一的，它定义了数据全局逻辑结构与存储结构之间的对应关系。当数据库的存储结构改变时（如采用了更先进的存储结构），由数据库管理员对模式/内模式映像作相应改变，可以使模式保持不变，从而保证了数据的物理独立性。

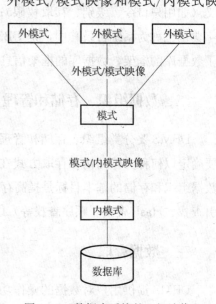

图1—8 数据库系统的二级映像

第4节 数据库管理系统

数据库管理系统是数据库系统的核心，是为数据库的建立、使用和维护而配置的软件。它建立在操作系统的基础上，是位于操作系统与用户之间的一层数据管理软件，负责对数据库进行统一的管理和控制。用户发出的或应用程序中的各种操作数据库中数据的命令，都要通过数据库管理系统来执行。数据库管理系统还承担着数据库的维护工作，能够按照数据库管理员所规定的要求，保证数据库的安全性和完整性。下面逐一介绍数据库管理系统的功能。

一、数据定义和创建

DBMS 提供数据定义语言（DDL），供用户定义数据库的三级模式结构、两级映像以及完整性约束和保密限制等约束。DDL 主要用于建立、修改数据库的库结构，对数据库的结构进行描述，包括外模式、模式、内模式的定义；数据库完整性的定义；安全保密定义（如用户口令、级别、存取权限）；存取路径（如索引）的定义。这些定义存储在数据字典（也称为系统目录）中，是 DBMS 运行的基本依据。DDL 所描述的库结构仅仅给出了数据库的框架，数据库的框架信息被存放在数据字典中。

二、数据组织、存储和管理

DBMS 要分类组织、存储和管理各种数据，包括数据字典、用户数据、存取路径等。要确定以何种文件结构和存取方式在存储器上组织这些数据，如何实现数据之间的联系。数据组织和存储的基本目标是提高存储空间利用率和方便存取，提供多种存取方法（如索引查找、Hash 查找、顺序查找等）以提高存取效率。

三、数据存取

DBMS 提供用户对数据的操作功能，实现对数据库数据的检索、插入、修改和删除。一个好的 DBMS 应该提供功能强、易学易用的数据操纵语言（DML），方便的操作方式和较高的数据存取效率。DML 有两类：一类是宿主型语言，另一类是自含（独立）型语言。前者的语句不能独立使用，必须嵌入某种主语言使用，如 C 语言、PASCAL 语言、COBOL 语言。而后者可以独立使用，通常供终端用户使用。

四、数据库事务管理和运行管理

这是指 DBMS 运行控制和管理功能，包括多用户环境下事务的管理和自动恢复、并发控制和死锁检测（或死锁防止）、安全性检查和存取控制、完整性检查和执行、运行日志的组织管理等。这些功能保证了数据库系统的正常运行。

数据库运行管理是 DBMS 运行时的核心部分，所有访问数据库的操作都要在这些控制程序的统一管理下进行，以保证数据的安全性、完整性、一致性以及多用户对数据库的并发使用。

五、数据库的建立和维护

建立数据库包括数据库初始数据的输入与数据转换等。维护数据库包括数据库的转储与恢复、数据库的重组织与重构造、性能监视与分析等。

第5节 数据模型

数据模型是对现实世界特征的模拟和抽象。在数据库中采用数据模型来抽象、表示和处理现实世界中的数据和信息。数据模型一般应满足三个要求：能比较真实地模拟现实世界；易于被人们理解；能方便地在计算机上实现。

一、数据模型的三要素

数据模型由三个要素组成：数据结构、数据操作和完整性约束。

1. 数据结构

数据结构是计算机存储、组织数据的方式。数据结构是指相互之间存在一种或多种特定关系的数据元素的集合。数据结构用于描述系统的静态特性，是所研究的对象类型的集合。数据模型按其数据结构分为层次模型、网状模型和关系模型。

2. 数据操作

数据操作是指对数据库中各种对象实例的操作，数据操作的类型由检索和更新（包括插入、删除、修改）组成。

数据操作用于描述系统的动态特性，是指对数据库中各种对象的实例允许执行的操作的集合，包括操作及有关的操作集合。

数据操作是指对数据进行分类、归并、排序、存取、检索和输入、输出等标准操作。在地理信息系统中，存储信息还包括大量图形、图像等空间数据。对这些空间数据进行的操作详见表1—5。

表 1—5　　　　　　　　　　　对空间数据的操作

类型	说明
连接操作	将同一专题的两个或两个以上地理位置相邻区域的图形或图像数据文件，拼接为一个完整区域的数据文件
剪辑操作	将一个区域某一专题图形或图像数据文件，按指定地理范围进行剪辑，保留范围以内的数据并生成新的数据文件
合并操作	将一幅图形或图像数据从一种分级分类系统上升到高一级分级分类系统而完成的相关类型的合并
叠合操作	将同一区域不同专题的图形或图像数据，按照相同位置关系进行叠合处理，产生有综合信息的新图形或图像数据文件

3. 完整性约束

完整性约束是指在给定的数据模型中，数据及其数据关联所遵守的一组规则，用以保障数据库中数据的正确性、一致性。

为了防止不符合规范的数据进入数据库，在用户对数据进行插入、修改、删除等操作时，DBMS自动按照一定的约束条件对数据进行监测，使不符合规范的数据不能进入数据库，以确保数据库中存储的数据正确、有效、相容。数据的完整性在DB的应用中是很重要的，为了保证DB的正确性，要使用数据库系统提供的存取方法设计一些完整性规则，对数据值之间的联系进行校验。

约束用来确保数据的准确性和一致性。数据的完整性就是对数据的准确性和一致性的一种保证，是指数据的精确性（Accuracy）和可靠性（Reliability），详见表1—6。

表 1—6　　　　　　　　　　　数据的完整性

类型	说明
实体完整性	规定表的每一行在表中是唯一的实体
域完整性	表中的列必须满足某种特定的数据类型约束，其中约束又包括取值范围、精度等规定
参照完整性	两个表的主关键字和外关键字的数据应一致，保证了表之间数据的一致性，防止了数据丢失或无意义的数据在数据库中扩散
用户定义的完整性	不同的关系数据库系统根据其应用环境的不同，往往还需要一些特殊的约束条件。用户定义的完整性即是针对某个特定关系数据库的约束条件，它反映某一具体应用必须满足的语义要求

完整性约束可分为3种类型：与表有关的约束、域（Domain）约束、断言（Assertion），详见表1—7。

表 1—7　　　　　　　　　　　　完整性约束的类型

类型	说明
与表有关的约束	表中定义的一种约束，可在列定义时定义该约束，此时称为列约束，也可以在表定义时定义约束，此时称为表约束
域约束	在域定义中被定义的一种约束，它与在特定域中定义的任何列都有关系
断言	在断言定义时定义的一种约束，它可以与一个或多个表进行关联

二、概念模型

为了把现实世界中的具体事物抽象、组织为某一数据库管理系统支持的数据模型，人们常常首先将现实世界抽象为信息世界，然后将信息世界转换为机器世界。即先把现实世界中的客观对象抽象为某一种信息结构，这种信息结构并不依赖于具体的计算机系统，不是某一个数据库管理系统（DBMS）支持的数据模型，而是概念级的模型，称为概念模型。

概念模型是现实世界到机器世界的一个中间层次。现实世界的事物反映到人的头脑中来，人们把这些事物抽象为一种既不依赖于具体的计算机系统又不为某一 DBMS 支持的概念模型，然后再把概念模型转换为计算机上某一 DBMS 支持的数据模型。

概念模型具有以下用途：用于信息世界的建模；是现实世界到机器世界的一个中间层次；是数据库设计的有力工具；是数据库设计人员和用户之间进行交流的语言。

1. 基本概念

在信息世界中有如下基本概念，详见表 1—8。

表 1—8　　　　　　　　　　　　信息的基本概念

概念	说明
实体（Entity）	是客观存在并相互区别的事物及其事物之间的联系。例如，一个学生、一门课程、学生的一次选课等都是实体
属性（Attribute）	是实体所具有的某一特性，一个实体可以由若干属性描述。例如，学生的学号、姓名、性别、出生年份、系、入学时间等
键（Key）	是唯一标识实体的属性集，键也常常被称为关键字。例如，学号是学生实体的键
域（Domain）	是属性的取值范围。例如，年龄的域为大于 15 小于 35 的整数，性别的域为（男，女）
实体型（Entity Type）	用实体名及其属性名集合来抽象和刻画同类实体，称为实体型。例如，学生（学号，姓名，性别，出生年份，系，入学时间）就是一个实体型

续表

概念	说明
实体集（Entity Set）	同型实体的集合称为实体集。例如，全体学生就是一个实体集
联系（Relationship）	是实体与实体之间以及实体与组成它的各属性间的关系。联系有三种情况：一对一联系，一对多联系，多对多联系

2. 联系的类型

概念模型的表示方法很多，最常用的是实体—联系方法。该方法用 E—R 图来描述现实世界的概念模型。E—R 图提供了表示实体型、属性和联系的方法，详见表1—9。

表 1—9　　　　　　　　　　　　　概念模型

图示	定义	实例
实体型A │ 1 ◇ 联系名 │ 1 实体型B 1:1 一对一联系（1:1）	如果对于实体集 A 中的每一个实体，实体集 B 中至多有一个（也可以没有）实体与之联系，反之亦然，则称实体集 A 与实体集 B 具有一对一联系，记为 1:1	一个班级只有一个正班长； 一个班长只在一个班中任职
实体型A │ 1 ◇ 联系名 │ n 实体型B 1:n 一对多联系	如果对于实体集 A 中的每一个实体，实体集 B 中有 n 个实体（$n \geq 0$）与之联系；反之，对于实体集 B 中的每一个实体，实体集 A 中至多只有一个实体与之联系，则称实体集 A 与实体集 B 有一对多联系，记为 $1:n$	一个班级中有若干名学生，每个学生只在一个班级中学习
实体型A │ m ◇ 联系名 │ n 实体型B m:n 多对多联系	如果对于实体集 A 中的每一个实体，实体集 B 中有 n 个实体（$n \geq 0$）与之联系；反之，对于实体集 B 中的每一个实体，实体集 A 中有 m 个实体（$m \geq 0$）与之联系，则称实体集 A 与实体集 B 具有多对多联系，记为 $m:n$	课程与学生之间的联系：一门课程同时有若干个学生选修，一个学生可以同时选修多门课程

3. E—R 模型

用 E—R 图来描述现实世界的概念模型,这种方法也称为 E—R 模型。E—R 模型的构成要素是实体集、属性和联系,其表示方法如下:

(1) 实体集。实体集用矩形表示,矩形框内写上实体名,如图 1—9 所示。

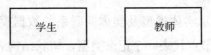

图 1—9　实体集

(2) 属性。实体的属性用椭圆框表示,椭圆框内写上属性名,并用无向边与实体集相连,如图 1—10 所示。

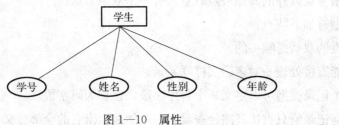

图 1—10　属性

(3) 联系。用菱形表示,菱形框内写明联系名,并用无向边分别与有关实体连接起来,同时在无向边旁标上联系的类型（1∶1,1∶n 或 m∶n）,分别表示一对一联系（1∶1）、一对多联系（1∶n）和多对多联系（m∶n）。

如图 1—11 所示是一个班级概念模型的 E—R 图。

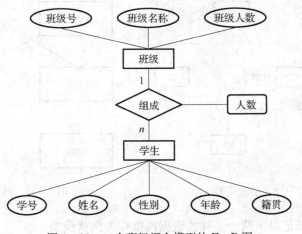

图 1—11　一个班级概念模型的 E—R 图

三、常用的数据模型

目前最常用的数据模型有层次模型、网状模型、关系模型和面向对象模型（Object Oriented Model）。其中层次模型和网状模型统称为非关系模型。

1. 层次模型

用树型（层次）结构表示实体类型及实体间联系的数据模型称为层次模型（Hierarchical Model）。树中每一个节点代表一个记录类型，树状结构表示实体型之间的联系，如图1—12所示。

满足下面两个条件的基本层次联系的集合称为层次模型：

第一，有且只有一个节点没有双亲节点，这个节点称为根节点。

第二，根节点以外的其他节点有且只有一个双亲节点。

层次模型有如下特点：

（1）节点的双亲是唯一的。

（2）只能直接处理一对多的实体联系。

（3）每个记录类型可以定义一个排序字段，也称为码字段。

（4）任何记录值只有按其路径查看时，才能显示出它的全部意义。

（5）没有一个子女记录值能够脱离双亲记录值而独立存在。

2. 网状模型

用有向图结构表示实体类型及实体间联系的数据结构模型称为网状模型（Network Model）。如下给出了一个抽象的简单网状模型，如图1—13所示。

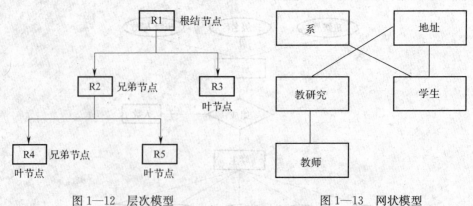

图1—12　层次模型　　　　　图1—13　网状模型

在数据库中，满足以下两个条件的数据模型称为网状模型：

（1）允许一个以上的节点无双亲。

(2) 一个节点可以有多于一个的双亲。

网状数据模型的典型代表是 DBTG 系统，也称 CODASYL 系统。若用图表示，网状模型是一个网络。

自然界中实体型间的联系更多的是非层次关系，用层次模型表示非树型结构非常不直接，而网状模型则可以克服这一弊病。

3. 关系模型

关系模型是目前最常用的一种数据模型。美国 IBM 公司的研究员 E. F. Codd 于 1970 年发表《大型共享系统的关系数据库的关系模型》的论文，文中首次提出了数据库系统的关系模型。自 20 世纪 80 年代以来，计算机厂商推出的数据库管理系统（DBMS）几乎都支持关系模型，非关系系统的产品也大都加上了关系接口。数据库领域当前的研究工作也都是以关系方法为基础的。本书的重点也将放在关系数据模型上。这里只简单勾画一下关系模型。

一个关系模型的逻辑结构是一张二维表（见表 1—10），它由行和列组成。每一行称为一个元组，每一列称为一个字段。

表 1—10　　　　　　　　　　　　　关系模型

学号	姓名	年龄	性别	籍贯	系名	年级
1210080055	高佩燕	20	女	河南	新闻学	12
1210080066	雷左右	19	男	河北	经济法	12
1210080088	蓝天	18	男	山东	经济学	12
…	…	…	…	…	…	…

4. 面向对象模型

面向对象模型是面向对象程序设计方法与 DB 技术相结合的产物，用以支持非传统应用领域对数据模型提出的新需求，以更接近人类思维的方式描述客观世界的事物及其联系，且使描述问题的问题空间和解决问题的方法空间在结构上尽可能一致，以便对客观实体进行结构模拟和行为模拟。

面向对象的模型是基于对象的一个集合。一个对象既包括对象内存储在实例变量中的值，又包括对此对象进行操作的代码体，代码体称为方法。与 E—R 模型中的实体不同，面向对象模型中的每个对象都有一个与其所包含无关的唯一标识。因此，包含相同值的两个对象仍然是有区别的。这种不同对象的区别是通过在物理层赋给对象唯一的对象标识符来实现的。

对象划分为不同的类，含有相同类的值和相同方法的对象来源于同一个类。类可以看成对象的类型定义。这种将数据和方法相结合的类型类似于程序设计语言中的抽象数据类型。

一个对象访问另一个对象数据的唯一途径是触发被访问对象的方法，这一行为称为向对象发送消息。因此，对象方法的调用接口定义为对象的外部可见部分，对象的内部（实例变量和方法代码）对外部是不可见的，这样就可以产生两个层次的数据抽象。

5. 面向对象模型与关系模型的对比

面向对象模型与关系模型的简单比较如下：

（1）关系模型中基本数据结构是表，相当于面向对象模型中的类；关系中的数据元组相当于面向对象模型中的实例。

（2）在关系模型中，对 DB 的操作都归结为对关系的运算；在面向对象模型中对类层次结构的操作分为两部分：一部分是封装在类内的操作即方法，另一部分是类间相互沟通的操作即消息。

（3）在关系模型中有域、实体和参照完整性约束，完整性约束条件可以用逻辑公式表示，称为完整性约束方法。面向对象模型中用于约束的公式可用方法或消息表示，称为完整性约束消息。

第 2 章

关系数据库

第 1 节　关系模型的基本概念　　　　　　　　　　/26
第 2 节　关系代数　　　　　　　　　　　　　　　/30
第 3 节　关系演算　　　　　　　　　　　　　　　/36
第 4 节　查询优化　　　　　　　　　　　　　　　/43

关系数据库系统是支持关系数据模型的数据库系统，现在使用的绝大部分数据库系统都是关系数据库系统。本章主要介绍关系模型、关系代数、关系演算等内容。

第1节 关系模型的基本概念

一、数据结构

1. 关系的定义

关系实际上就是关系模式在某一时刻的状态或内容。也就是说，关系模式是型，关系是它的值。关系模式是静态的、稳定的，而关系是动态的、随时间不断变化的，因为关系操作在不断地更新着数据库中的数据。

但在实际应用中，常常把关系模式和关系统称为关系。关系数据结构有如下两种：

第一种，单一的数据结构——关系，现实世界的实体以及实体间的各种联系均用关系来表示。

第二种，数据的逻辑结构——二维表，从用户角度看，关系模型中数据的逻辑结构是一张二维表。

在关系模式中，有如下一些基本概念：

（1）域。定义域是一组具有相同数据类型的值的集合。例如，整数、实数、字符串、{男，女}，大于0小于等于100的正整数等都可以是域。

（2）笛卡儿积

定义给定一组域 D_1，D_2，…，D_n，则 D_1，D_2，…，D_n 的笛卡儿积为：

$$D_1 \times D_2 \times \cdots \times D_n = \{(d_1, d_2, \cdots d_n) \mid d_i \in D_j, j = 1, 2, \cdots n\}$$

其中每一个元素（d_1, d_2, …, d_n）称为一个元组，元素中的每一个值 d_i 称为一个分量。

【例2—1】 给定两个域：

D_1＝animal（动物集合）＝{猫，狗，猪}

D_2＝food（食物集合）＝{鱼，骨头，白菜}

$D_1 \times D_2$＝{（猫，鱼）（狗，鱼）（猪，鱼）（猫，骨头）（狗，骨头）（猪，骨头）（猫，白菜）（狗，白菜）（猪，白菜）}。这9个元组可列成一张二维表（见表2—1）。

（3）关系。定义 $D_1 \times D_2 \times \cdots \times D_n$ 的子集称为在域 D_1，D_2，…，D_n 上的关系，用 R

D_1，D_2，…，D_n）来表示。这里 R 表示关系的名字。

表 2—1　　　　　　　　　关系二维表

Animal	Food	Animal	Food
猫	鱼	狗	白菜
猫	骨头	猪	鱼
猫	白菜	猪	骨头
狗	鱼	猪	白菜
狗	骨头		

2. 关系的性质

通过关系的定义，可以得知关系有如下一些基本性质：

（1）列是同质的，即每一列中的分量是同一类型的数据，来自同一个域。

（2）不同的列可出自同一个域，称其中的每一列为一个属性，不同的属性要给予不同的属性名。

（3）列的顺序无所谓，即列的次序可以任意交换。

（4）任意两个元组不能完全相同。

（5）行的顺序无所谓，即行的次序可以任意交换。

（6）分量必须取原子值，即每一个分量都必须是不可分的数据项。

3. 关系模式

关系模式是对关系的描述。关系模式可以形式化地表示为：

$$R(U, D, Dom, F)$$

式中　R——关系名；

U——组成该关系的属性名集合；

D——属性组 U 中属性所来自的域；

Dom——属性向域的映像集合；

F——属性间的数据依赖关系集合。

【例 2—2】　导师和研究生出自同一个域——人，取不同的属性名，并在模式中定义属性向域的映像，即说明他们分别出自哪个域：

$$Dom(\text{Supervisor-Person}) = Dom(\text{Postgraduate-Person}) = \text{Person}$$

关系模式通常可以简记为：

$R\ (U)$ 或 $R\ (A_1, A_2, \cdots, A_n)$

R 为关系名，A_1，A_2，…，A_n 为属性名，域名及属性向域的映像常常直接说明为属性的类型、长度。

在用户看来，一个关系模型的逻辑结构是一张二维表，它由行和列组成，涉及表2—2中的概念。

表2—2　　　　　　　　　　关系模型设计的概念

概念	说明
关系	一个关系对应一张二维表
元组	表中的一行即为一个元组
属性	表中的一列即为一个属性
码	表中的某个属性（组）可唯一确定一个元组，则称该属性组为候选码。若一个关系有多个候选码，则选定其中一个为主码
域	属性的取值范围
分量	元组中的一个属性值
关系模式	对关系的描述，一般表示为：关系名（属性1，属性2，…，属性n）

【例2—3】　某学生关系可描述为如下的记录表：学生（学号，姓名，性别，年龄，所在系）。

学号	姓名	性别	年龄	所在系
0000101	王萧	男	17	经济系
0002070	李云虎	男	18	机械系
0103020	郭敏	女	18	信息系
0104080	高红	女	20	土木系
⋮	⋮	⋮	⋮	⋮
0203090	王睿	男	19	信息系
0205060	路旭青	女	21	管理系

因此，关系模型的特点是概念单一、规范化、以二维表格表示。

二、数据操作

1. 基本关系操作

常见的关系操作有如下两类：

（1）数据查询。选择、投影、连接、除、并、交、差。

（2）数据更新。插入、删除、修改。

2. 关系操作的特点

集合操作方式,即操作的对象和结果都是集合。而非关系数据模型的数据操作方式,则采取一次一记录文件系统的数据操作方式。

3. 关系数据语言的分类（见表 2—3）

表 2—3　　　　　　　　　　关系数据语言的分类

分类	说明
关系代数语言	用对关系的运算来表达查询要求,典型代表为 ISBL
关系演算语言	用谓词来表达查询要求
元组关系演算语言	谓词变元的基本对象是元组变量,典型代表为 APLHA, QUEL
域关系演算语言	谓词变元的基本对象是域变量,典型代表为 QBE
具有关系代数和关系演算双重特点的语言	典型代表为 SQL

三、完整性约束

为了维护数据库中数据与现实世界的一致性,在关系模型中加入完整性规则,其中有 4 类完整性约束:域完整性约束、实体完整性约束、参照完整性约束和用户定义完整性约束。其中域完整性约束、实体完整性约束和参照完整性约束是关系模型必须满足的约束条件,由关系数据库系统自动支持。

1. 域完整性约束

域完整性约束主要规定属性值必须取自值域,一个属性能否为空值由其语义决定。域完整性约束是最基本的约束,一般关系数据库系统都提供此项检查功能。

2. 实体完整性约束

实体完整性约束要保证关系中的每个元组都是可识别和唯一的。

关系模型必须遵守实体完整性约束。实体完整性约束是针对基本关系而言的,一个基本表通常对应现实世界的一个实体集或多对多联系。现实世界中的实体和实体间的联系都是可区分的,即它们具有某种唯一性标识。相应地,关系模型中以主码作为唯一性标识。主码中的属性即主属性不能取空值。空值就是"不知道"或"无意义"的值。

实体完整性约束规定基本关系中组成主关键字的各属性都不能取空值,有多个候选关键字时,主关键字以外的候选关键字可取空值。如有空值,那么主键值无法唯一标识元组。

3. 参照完整性约束

现实世界中的实体之间存在着某种联系，而在关系模型中实体是用关系描述的，实体之间的联系也是用关系描述的，这样就自然存在着关系和关系之间的参照或引用。参照完整性也是关系模型必须满足的完整性约束条件，是关系的另一个不变性。

参照完整性约束要求"不引用不存在的实体"，考虑的是不同关系之间或同一关系的不同元组之间的制约。

4. 用户定义完整性约束

不同的关系数据库系统根据其应用环境的不同，往往还需要一些特殊的约束条件，用户定义完整性约束就是针对某一具体关系数据库的约束条件。例如某个属性的值必须唯一，某个属性的取值必须在某个范围内，某些属性值之间应该满足一定的函数关系等。

类似这些方面的约束不是关系数据模型本身所要求的，而是为了满足应用方面的语义要求而提出的，这些完整性约束需求由用户来定义，所以又称为用户定义完整性约束。数据库管理系统需提供定义这些数据完整性的功能和手段，以便统一地进行处理和检查，而不是由应用程序去实现这些功能。

第2节 关系代数

关系数据库的数据操作分为查询和更新两类。更新语句用于插入、删除或修改等操作，查询语句用于各种检索操作。关系查询语句根据不同的理论基础分为两大类：一是关系代数语言，查询操作是以集合操作为基础运算的 DML 语言；二是关系演算语言，查询操作是以谓词演算为基础运算的 DML 语言。

本节主要介绍关系代数运算。

一、关系运算概述

关系模型源于数学，关系是由元组构成的集合，可以通过对关系的运算来表达查询要求，而关系代数恰恰是关系操作语言的一种传统表示方式，它是一种抽象的查询语言。

关系运算的三大要素是运算对象、运算符、运算结果。关系代数的运算对象是关系，运算结果也是关系，而运算符则可以分为 4 类：集合运算符、专门的关系运算符、比较运算符和逻辑运算符。

比较运算符和逻辑运算符是辅助专门的关系运算符进行操作的,所以关系代数的运算按运算符的不同主要分为传统的集合运算和专门的关系运算两类,见表2—4。

表2—4　　　　　　　　　　关系代数的计算方法

方法分类	说明
传统的集合运算	这类运算完全把关系看成元组的集合。传统的集合运算包括集合的广义笛卡儿积运算、并运算、交运算和差运算
专门的关系运算	这类运算除了把关系看成元组的集合,它还通过运算表达了查询的要求。专门的关系运算包括选择运算、投影运算、连接运算和除运算

二、传统的集合运算

1. 交

关系 R 与关系 S 的交,由既属于 R 又属于 S 的元组组成,其结果关系仍为 n 目关系。记作 $R \cap S = \{t \mid t \in R \wedge t \in S\}$。

2. 并

关系 R 与关系 S 的并,由属于 R 或属于 S 的元组组成,其结果关系仍为 n 目关系。记作 $R \cup S = \{t \mid t \in R \vee t \in S\}$。

3. 差

关系 R 与关系 S 的差,由属于 R 而不属于 S 的所有元组组成。其结果关系仍为 n 目关系。记作 $R - S = \{t \mid t \in R \wedge t \notin S\}$。

4. 笛卡儿积

两个分别为 n 目和 m 目的关系 R 和 S 的广义笛卡儿积,是一个 $(n+m)$ 列的元组的集合。元组的前 n 列是关系 R 的一个元组,后 m 列是关系 S 的一个元组。若 R 有 A_1 个元组,S 有 A_2 个元组,则关系 R 和关系 S 的广义笛卡儿积有 $A_1 \times A_2$ 个元组。记作 $R \times S$。

R、S 见表2—5中的①、②,则 $R \cup S$,$R \cap S$,$R - S$,$R \times S$ 的结果见表2—5③、④、⑤、⑥。

三、专门的关系运算

在关系代数中,有4种基本的专门关系运算:投影(PROJECT)、选择(SELECT)、连接(JOIN)和除(DIVISION)运算。

表 2—5　　　　　　　　　传统的集合运算示意

R

a	b	c
1	2	3
4	5	6
7	8	9

①

S

a	b	c
1	2	3
10	11	12
7	8	9

②

R∪S

a	b	c
1	2	3
4	5	6
7	8	9
10	11	12

③

R∩S

a	b	c
1	2	3
7	8	9

④

R−S

a	b	c
4	5	6

⑤

R×S

a	b	c	a	b	c
1	2	3	1	2	3
1	2	3	10	11	12
1	2	3	7	8	9
4	5	6	1	2	3
4	5	6	10	11	12
4	5	6	7	8	9
7	8	9	1	2	3
7	8	9	10	11	12
7	8	9	7	8	9

⑥

1. 投影

关系 R 上的投影是从 R 中选择出若干属性列组成新的关系。记作 $\pi_A(R) = \{t[A] \mid t \in R\}$，其中，$A$ 为 R 中的属性列。

投影操作是从列的角度进行的运算。投影之后不仅取消了原关系中的某些列，而且还可能取消某些元组。因为取消了某些属性列后，就可能出现重复行，应取消这些完全相同的行。

【例2—4】 查询学生的学号和姓名。
$$\pi_{S\#,SN}(S)$$
或
$$\pi_{1,2}(S)$$
结果见表2—6。

表2—6　　　　　　　　　查询结果

学号 S#	姓名 SN	学号 S#	姓名 SN
000101	李晨	010102	王国美
000102	王博	020101	范伟
010101	刘思思		

【例2—5】 查询学生所在系，即查询学生关系S在所在系属性上的投影。
$$\pi_{SD}(S)$$
或
$$\pi_5(S)$$
结果见表2—7。

2. 选择

选择是在关系 R 中选择满足给定条件的诸元组，记作 $\sigma_F(R) = \{t \mid t \in R \wedge F(t) = 真\}$，其中，$F$ 表示选择条件，它是一个逻辑表达式，取逻辑值"真"或"假"。

选择运算实际上是从关系 R 中选取使逻辑表达式 F 为真的元组。这是从行的角度进行的运算。

表2—7 查询结果

所在系 SD
信息系
数学系
物理系

【例2—6】 设有一个学生—课程关系数据库，包括学生关系 S、课程关系 C 和选修关系 SC，下面将对这三个关系进行运算，见表2—8、表2—9、表2—10。

表2—8　　　　　　　　　　学生关系 S

学号 S#	姓名 SN	性别 SS	年龄 SA	所在系 SD
000101	李晨	男	18	信息系
000102	王博	女	19	数学系
010101	刘思思	女	18	信息系
010102	王国美	女	20	物理系
020101	范伟	男	19	数学系

表2—9　课程关系 C

课程号 C#	课程名 CN	学分 CC
1	数学	6
2	英语	4
3	计算机	4
4	制图	3

表2—10　选修关系 SC

学号 S#	课程号 C#	成绩 G
000101	1	90
000101	2	87
000101	3	72
010101	1	85
010101	2	42
020101	3	70

【例2—7】 查询数学系（MA）学生的信息。

$$\sigma_{SD='MA'}(S)$$

或

$$\sigma_{5='MA'}(S)$$

结果见表2—11。

表2—11　　　　　　　　　查询结果

学号 S#	姓名 SN	性别 SS	年龄 SA	所在系 SD
000102	王博	王博	19	数学系
020101	范伟	男	19	数学系

【例2—8】 查询年龄＜20的学生的信息。

$$\sigma_{SA<20}(S) \text{ 或 } \sigma_{4<20}(S)$$

结果见表2—12。

表2—12　　　　　　　　　查询结果

学号 S#	姓名 SN	性别 SS	年龄 SA	所在系 SD
000101	李晨	男	18	信息系
000102	王博	女	19	数学系
010101	刘思思	女	18	信息系
020101	范伟	男	19	数学系

3. 连接

连接运算用来连接相互之间有联系的两个关系，被连接的两个关系通常是具有一对多联系的父子关系。所以连接过程一般是由参照关系的外部关键字和被参照关系的主关键字来控制的，这样的属性通常也称为连接属性。

连接也称为 θ 连接。它是从两个关系的笛卡儿积中选取属性间满足一定条件的元组。记作：

$$R_A \underset{A\theta B}{\bowtie} S_B = \left\{ \underset{t_r,t_s}{\cap} \mid t_r \in R \land t_s \in S \land t_r[A]\theta t_s[B] \right\}$$

其中 A 和 B 分别为 R 和 S 上度数相等且可比的属性组。θ 是比较运算符。连接运算从 R 和 S 的笛卡儿积 R×S 中，选取（R 关系）在 A 属性组上的值与（S 关系）在 B 属性组上的值满足比较关系 θ 的元组。

θ 为 "=" 的连接运算称为等值连接。它是从关系 R 与 S 的笛卡儿积中选取 A、B 属性值相等的那些元组。即等值连接为：

$$R_A \underset{A=B}{\bowtie} S_B = \left\{ \underset{t_r,t_s}{\cap} \mid t_r \in R \land t_s \in S \land t_r[A] = t_s[B] \right\}$$

若 A、B 有相同的属性组，就可以在结果中把重复的属性组去掉。这种去掉了重复属性组的等值连接称为自然连接。自然连接可记作：

$$R_A \bowtie S_B = \left\{ \underset{t_r,t_s}{\cap} \mid t_r \in R \land t_s \in S \land t_r[A] = t_s[B] \right\}$$

【例 2—9】 设关系 R、S 分别为表 2—13 的①和②，连接 C<D 的结果为表 2—13 ③，等值连接 C=D 的结果见表 2—13④。

表 2—13　　　　　　　　　　集合运算

A	B	C
1	2	3
4	5	6
7	3	0

①

D	E
3	1
6	2

②

A	B	C	D	E
1	2	3	6	2
7	3	0	3	1
7	3	0	6	2

③

A	B	C	D	E
1	2	3	3	1
4	5	6	6	2

④

若 R 和 S 有相同的属性组 C（见表 2—14），则自然连接的结果见表 2—14③。

表 2—14　　　　　　　　有相同属性组集合的自然连接

A	B	C
1	2	3
4	5	6
7	3	0

①

C	E
3	1
6	2

②

A	B	C	E
1	2	3	1
4	5	6	2

③

4. 除运算

除可以用前面的几种运算来表达。给定关系 $R(X, Y)$ 和 $S(Y, Z)$，其中 X, Y, Z 为属性组。R 中的 Y 与 S 中的 Y 可以有不同的属性名，但必须出自相同的域集。R 与 S 的除运算得到一个新的关系 $P(X)$，P 是 R 中满足下列条件的元组在 X 属性列上的投影：元组在 X 上分量值 x 的象集 Y_x 包含 S 在 Y 上投影的集合。记作：

$$R \div S = \{t_r[X] \mid t_r \in R \land \pi_Y(S) \subseteq Y_x\}$$

其中 Y_x 为 x 在 R 中的象集，$x = t_r[x]$。

除操作是同时从行和列进行运算的。

在关系代数运算中，把多个基本操作运算经过有限次的复合后得到的式子称为关系代数表达式。这种表达式的结果仍然是个关系，可以用关系代数表达式来表示查询结果。

第 3 节　关系演算

关系演算是以数理逻辑中的谓词演算为基础的。把数理逻辑的谓词演算引入到关系运算中，就可得到以关系演算为基础的运算。关系演算又可分为元组关系演算和域关系演算，前者以元组为变量，后者以属性（域）为变量，分别简称为元组演算和域演算。

一、元组关系演算

1. 原子谓词公式

元组关系演算以元组变量作为谓词变元的基本对象。一种典型的元组关系演算语言是 E. F. Codd 提出的 ALPHA 语言,这种语言虽然没有实现,但关系数据库管理系统 IN-GRES 所用的 QUEL 语言是参照 ALPHA 语言研制的,与 ALPHA 十分类似。

ALPHA 语言语句的基本格式是:操作语句 工作空间名(表达式):操作条件。

其中,操作语句主要有 GET、PUT、HOLD、UPDATE、DELETE、DROP,表达式用于指定语句的操作对象,它可以是关系名或属性名,一条语句可以同时操作多个关系或多个属性。操作条件是一个关系或逻辑表达式,用于将操作对象限定在满足条件的元组中,操作条件可以为空。除此之外,还可以在基本格式的基础上加上排序要求、定额要求等。

2. 关系代数基本运算的表示

本节仍以【例 2—6】学生—课程关系数据库中的 3 个表为例,介绍 ALPHA 语言的各种操作。

(1) 检索操作。检索操作用 GET 语句实现。语句格式:GET 工作空间名 [(定额)](表达式1):[操作条件][DOWN/UP 表达式2]。对语句格式的说明如下:

1) 定额。规定检索的元组个数(格式:数字)。

2) 表达式1。指定语句的操作对象(格式:关系名|关系名.属性名|元组变量.属性名|聚集函数[,…])。

3) 操作条件。将操作结果限定在满足条件的元组中(格式:逻辑表达式)。

4) 表达式2。指定排序方式(格式:关系名.属性名|元组变量.属性名[,…])。

基于【例 2—6】学生—课程关系数据库,将检索操作的分类举例见表 2—15。

表 2—15　　　　　　　　检索操作的分类

分类	说明	示例
简单检索(即不带条件的检索)	GET 工作空间名(表达式1)	1) 查询所有学生的姓名 GET W (S.SN) 2) 查询所有学生的数据 GET W (S)
限定的检索(即带条件的检索)	GET 工作空间名(表达式1):操作条件	1) 查询信息系的学生的学号和年龄 GET W (S.S#,S.SA):S.SD='IS' 2) 查询数学系(MA)年龄小于20的学生的姓名、年龄 GET W (S.SN,S.SA):S.SD='MA'∧S.SA< 20

续表

分类	说明	示例
带排序的检索	GET 工作空间名 (表达式 1) [：操作条件] DOWN/UP 表达式 2	查询计算机科学系（CS）学生的学号、姓名，并按年龄降序排序 GET W (S.S#，S.SN)：S.SD='CS' DOWN S.SA
带定额的检索（即指定元组个数的检索）	GET 工作空间名 (定额) (表达式 1) [：操作条件] [DOWN/UP 表达式 2]	1) 取出数学系一个学生的姓名 GET W (1) (S.SN): S.SD='MA' 2) 查询信息系年龄最大的 3 个学生的学号及其年龄 GET W (3)　(S.S#，S.SA)：S.SD='IS' DOWN S.SA

另外，元组关系演算是以元组变量作为谓词变元的基本对象。元组变量可以在某一关系范围内变化 (也称为范围变量，Range Variable)，一个关系可以设多个元组变量。元组变量的主要用途：简化关系名，设一个较短名字的元组变量来代替较长的关系名；操作条件中使用量词时必须用元组变量。定义元组变量的格式是：RANGE 关系名变量名。

(2) 更新操作

1) 插入操作。插入操作用 PUT 语句实现。其步骤是：先用宿主语言在工作空间中建立新元组，然后用 PUT 语句把该元组存入指定的关系中。

【例 2—10】 插入一个学号为 020302、姓名为刘青的 18 岁的女生到计算机系。

MOVE 020302 TO W.S#

MOVE '刘青' TO W.SN

MOVE '女' TO W.SS

MOVE 18 TO W.SA

MOVE '计算机系' TO W.SD

PUT W (S)

2) 删除。删除操作用 DELETE 语句实现。其步骤为：先用 HOLD 语句把要删除的元组从数据库中读到工作空间中，再用 DELETE 语句删除该元组。

【例 2—11】 删除学号为 020302 的学生。

HOLD W (S)：S.S#='020302'

DELETE W

【例 2—12】 删除全部学生。

HOLD W (S)

DELETE W

3) 修改。其步骤为：先用 HOLD 语句将要修改的元组从数据库中读到工作空间中；然后用宿主语言修改工作空间中元组的属性；最后用 UPDATE 语句将修改后的元组送回数据库中。

【例 2—13】 将学号为 020101 的学生姓名改为孟伟。

HOLD（S.S#，S.SN）：S.S#＝'020101'
MOVE '孟伟' TO W.SN
UPDATE W

修改主码的操作是不允许的，如果需要修改关系中某个元组的主码值，只能先用删除操作删除该元组，然后再把具有新主码值的元组插入到关系中。

【例 2—14】 将 020101 的学号改为 030201。

HOLD W（S）：S.S#＝'020101'
DELETE W
MOVE '030201' TO W.S#
MOVE '范伟' TO W.SN
MOVE '男' TO W.SS
MOVE '19' TO W.SA
MOVE '数学系' TO W.SD
PUT W（S）

二、域关系演算

域关系演算以元组变量的分量即域变量作为谓词变元的基本对象。域关系演算简称域演算，类似于元组关系演算，唯一的区别是用域变量取代元组变量，域变量的变化范围是某个值域而不是一个关系。

示例查询语言 Query By Example，QBE 是用示例元素来表示查询结果可能的例子，示例元素实质上就是域变量。其最突出的特点是它的操作方式。它是一种高度非过程化的基于屏幕表格的查询语言，用户通过终端屏幕编辑程序以填写表格的方式构造查询要求，而查询结果也以表格形式显示。因此非常直观，易学易用。

仍以【例 2—6】学生—课程关系数据库为例，介绍 QBE 的用法。

1. 检索操作

（1）简单查询

【例 2—15】 查询全体学生的姓名。

操作步骤为：

数据库管理人员(基础知识)

①用户提出要求。
②屏幕显示空白表格。

③用户在最左边一栏输入关系名。

S			

④显示该关系的栏名，即 S 的各个属性名。

S	S#	SN	SS	SA	SD

⑤用户构造查询要求。

S	S#	SN	SS	SA	SD
		P.<u>T</u>			

这里 T 是示例元素，即域变量。QBE 要求示例元素下面一定要加下划线。P 是操作符，表示打印（print），实际上就是显示。

示例元素是这个域中可能的一个值，它不必是查询结果中的元素。比如要求查询信息系的学生，只要给出任意的一个学生名即可，而不必是信息系的某个学生名。

⑥屏幕显示查询结果。

S	S#	SN	SS	SA	SD
		李晨 王博 刘思思 王国美 范伟			

【例 2—16】 查询全体学生的全部数据。

S	S#	SN	SS	SA	SD
	P. <u>000101</u>	P. <u>李晨</u>	P. <u>男</u>	P. <u>18</u>	P. <u>信息系</u>

显示全部数据也可以简单地把 P. 操作符作用在关系名上。因此本查询也可以简单地表示为：

S	S#	SN	SS	SA	SD
P					

(2) 条件查询

【例 2—17】 查询信息系全体学生的姓名。

S	S#	SN	SS	SA	SD
		P.<u>李晨</u>			信息系

信息系是查询条件，不必加下划线。

【例 2—18】 查询数学系年龄大于 19 岁学生的学号。

本查询是两个条件的与。在 QBE 中，有以下两种表示方法。

①把两个条件写在同一行上。

S	S#	SN	SS	SA	SD
	P.<u>000101</u>			>19	数学系

②把两个条件写在不同行上，但使用相同的示例元素值。

S	S#	SN	SS	SA	SD
	P.<u>000101</u>				数学系
	P.<u>000101</u>			>19	

【例 2—19】 查询数学系或者年龄大于 19 岁学生的学号。

本查询是两个条件的或。在 QBE 中把两个条件写在不同行上，并且使用不同的示例元素值来表示条件的或。

S	S#	SN	SS	SA	SD
	P.<u>000101</u>				数学系
	P.<u>000102</u>			>19	

(3) 查询结果排序。对查询结果按某个属性值的升序排序，只需在相应列中填入 "AO"，按降序排序则填 "DO"。如果按多列排序，用 "AO(i)." 或 "DO(i)." 表示，其中 i 为排序的优先级，i 值越小，优先级越高。

【例 2—20】 查询信息系学生的姓名，要求查询结果按年龄升序排序，对年龄相同的学生按性别降序排序。

S	S#	SN	SS	SA	SD
		P. 李晨	DO（2）.	AO（1）.	信息系

2. 更新操作

（1）插入操作。插入操作符为"I."，新插入的元组必须具有码值，其他属性值可以为空。

【例 2—21】 把学号为 000103、姓名为张兰、年龄为 17 岁的信息系女生插入表 S。

S	S#	SN	SS	SA	SD
I.	000103	张兰	女	17	信息系

（2）删除操作。删除操作符为"D."。

【例 2—22】 删除学号为 000103 的学生。

S	S#	SN	SS	SA	SD
D.	000103				

（3）修改操作。修改操作符为"U."。关系的主码不允许修改，如果需要修改某个元组的主码，则首先删除该元组，然后再插入新的主码的元组。

【例 2—23】 把学号为 000101 的学生年龄改为 19 岁。

S	S#	SN	SS	SA	SD
	000101			U. 19	

或：

S	S#	SN	SS	SA	SD
U.	000101			19	

【例 2—24】 把所有学生的年龄增加 1 岁。

S	S#	SN	SS	SA	SD
U.	<u>000101</u> <u>000101</u>			<u>X</u> <u>X</u>+1	

第4节 查询优化

关系数据库系统的查询优化是 RDBMS 实现的关键技术，又是关系数据库系统的优点所在。它减轻了用户选择存取路径的负担，用户只要提出"做什么"，不必指出"怎么做"。

查询优化是影响 RDBMS 性能的关键因素。关系数据语言的级别很高，使用 DBMS 可以从关系表达式中分析查询语义。

一、查询处理

1. 查询优化的步骤

（1）将查询转换成某种内部表示，通常是语法树。

（2）代数优化。利用优化算法，把关系代数语法树转换成标准（优化）形式。

（3）物理优化。选择低层的存取路径。利用优化器查找数据字典获得当前数据库状态信息：选择字段上是否有索引；连接的两个表是否有序；连接字段上是否有索引。根据一定的优化规则选择存取路径。

（4）生成查询计划，选择代价最小的。查询计划也称查询执行方案，是由一系列内部操作组成的。这些内部操作按一定的次序构成查询的一个执行方案。通常这样的执行方案有多个，需要对每个执行计划计算代价，从中选择代价最小的一个。

2. 查询优化的一般准则

（1）选择运算应尽可能先做，目的是减少中间关系。

（2）在执行连接操作前对关系进行适当预处理，如索引、排序等。

（3）投影运算和选择运算同时做，以避免重复扫描关系。

（4）将投影运算与其前面或后面的双目运算结合（合并连接的选择与投影操作，以减少扫描的次数）。

（5）把某些选择运算同其前面执行的笛卡儿积结合起来成为一个连接运算。

（6）提取公共子表达式。

二、代数优化

各种查询语言都可以转换成关系代数表达式，关系代数表达式可以等价变换。而关系代数表达式的等价,指用相同的关系代替两个表达式中相应的关系所得到的结果是相同的。两个关系表达式 E_1 和 E_2 是等价的,记作 $E_1 \equiv E_2$。

优化策略大部分都涉及代数表达式的变换。设 E_1 和 E_2 是关系代数表达式,F 是连接运算的条件。下面介绍一些常用的等价变换规则。

1. 连接、笛卡儿积交换律

$$E_1 \times E_2 \equiv E_2 \times E_1$$

$$E_1 \bowtie E_2 \equiv E_2 \bowtie E_1$$

$$E_1 \underset{F}{\bowtie} E_2 \equiv E_2 \underset{F}{\bowtie} E_1$$

2. 连接、笛卡儿积的结合律

$$(E_1 \times E_2) \times E_3 \equiv E_1 \times (E_2 \times E_3)$$

$$(E_1 \bowtie E_2) \bowtie E_3 \equiv E_1 \bowtie (E_2 \bowtie E_3)$$

$$(E_1 \underset{F_1}{\bowtie} E_2) \underset{F_2}{\bowtie} E_3 \equiv E_1 \underset{F_1}{\bowtie} (E_2 \underset{F_2}{\bowtie} E_3)$$

3. 投影的串接定律

$$\pi_{A_1, A_2, \cdots, A_n}(\pi_{B_1, B_2, \cdots, B_m}(E)) \equiv \pi_{A_1, A_2, \cdots, A_n}(E)$$

假设:E 是关系代数表达式,A_i($i=1, 2, \cdots, n$),B_j($j=1, 2, \cdots, m$)是属性名,$\{A_1, A_2, \cdots, A_n\}$ 构成 $\{B_1, B_2, \cdots, B_m\}$ 的子集。

4. 选择的串接定律

$$\sigma_{F_1}(\sigma_{F_2}(E)) \equiv \sigma_{F_1 \wedge F_2}(E)$$

假设 E 是关系代数表达式,F_1 和 F_2 是选择条件。选择的串接定律说明选择条件可以合并,这样一次就可以检查全部条件。

5. 选择与投影的交换律

$$\sigma_F(\pi_{A_1, A_2, \cdots, A_n}(E)) \equiv \pi_{A_1, A_2, \cdots, A_n}(\sigma_F(E))$$

假设选择条件 F 只涉及属性 $A_1, \cdots, A_n$。若 F 中有不属于 $A_1, \cdots, A_n$ 的属性 $B_1, \cdots, B_m$,则更有一般的规则:

$$\pi_{A_1, A_2, \cdots, A_n}(\sigma_F(E)) \equiv \pi_{A_1, A_2, \cdots, A_n}(\sigma_F(\pi_{A_1, A_2, \cdots, A_n, B_1, B_2, \cdots, B_m}(E)))$$

6. 选择与笛卡儿积的交换律

假设 F 中涉及的属性都是 E_1 中的属性,则

$$\sigma_F(E_1 \times E_2) \equiv \sigma_F(E_1) \times E_2$$

如果 $F = F_1 \wedge F_2$,F_1 只涉及 E_1 中的属性,并且 F_2 只涉及 E_2 中的属性,则由以上的等价变换规则可以推出:

$$\sigma_F(E_1 \times E_2) \equiv \sigma_{F_1}(E_1) \times \sigma_{F_2}(E_2)$$

若 F_1 只涉及 E_1 中的属性，并且 F_2 涉及 E_1 和 E_2 两者的属性，则有：

$$\sigma_F(E_1 \times E_2) \equiv \sigma_{F_2}(\sigma_{F_1}(E_1) \times E_2)$$

7. 选择与并的交换

假设 $E = E_1 \cup E_2$，E_1，E_2 有相同的属性名，则

$$\sigma_F(E_1 \cup E_2) \equiv \sigma_F(E_1) \cup \sigma_F(E_2)$$

8. 选择与差运算的交换

假设 E_1、E_2 有相同的属性名，则

$$\sigma_F(E_1 - E_2) \equiv \sigma_F(E_1) - \sigma_F(E_2)$$

9. 选择对自然连接的交换

假设 F 只涉及 E_1 与 E_2 的公共属性，则

$$\sigma_F(E_1 \bowtie E_2) \equiv \sigma_F(E_1) \bowtie \sigma_F(E_2)$$

10. 投影与笛卡儿积的交换

假设 E_1 和 E_2 是两个关系表达式，$A_1, A_2, \cdots, A_n$ 是 E_1 的属性，$B_1, B_2, \cdots, B_n$ 是 E_2 的属性，则

$$\pi_{A_1,A_2,\cdots,A_n,B_1,B_2,\cdots,B_m}(E_1 \times E_2) \equiv \pi_{A_1,A_2,\cdots,A_n}(E_1) \times \pi_{B_1,B_2,\cdots,B_m}(E_2)$$

11. 投影与并的交换

假设 E_1 和 E_2 有相同的属性名，则

$$\pi_{A_1,A_2,\cdots,A_n}(E_1 \cup E_2) \equiv \pi_{A_1,A_2,\cdots,A_n}(E_1) \cup \pi_{A_1,A_2,\cdots,A_n}(E_2)$$

三、物理优化

针对每一种操作，有多种执行操作的算法，有多条存取路径。因此对于一个查询语句有多种存取方案，其执行效率不同，甚至相差甚大。除了代数优化，还需进行物理优化。物理优化就是要选择高效合理的操作算法和存取路径，求得优化的查询计划，达到查询优化的目标。

1. 存取路径选择优化

优化器查找数据字典获得当前数据库状态信息。

（1）选择字段上是否有索引。

（2）连接的两个表是否有序。

（3）连接字段上是否有索引。

然后根据一定的优化规则选择存取路径。

2. 基于代价的优化

基于代价的优化，要计算各种操作算法的执行代价，与数据库的状态密切相关。

在作连接运算时,若两个表(设为 R_1,R_2)均无序,连接属性上也没有索引,则可以有下面几种查询计划:

(1) 对两个表作排序预处理。

(2) 对 R_1 在连接属性上建立索引。

(3) 对 R_2 在连接属性上建立索引。

(4) 在 R_1、R_2 的连接属性上均建立索引。

对不同的查询计划计算代价,选择代价最小的一个。在计算代价时主要考虑磁盘读写的 I/O 数,内存 CPU 处理时间在粗略计算时可不考虑。

第 3 章

关系数据库标准语言 SQL

第 1 节　SQL 概述　　　　　　　　　　/48
第 2 节　数据定义　　　　　　　　　　/50
第 3 节　数据查询　　　　　　　　　　/55
第 4 节　数据操纵　　　　　　　　　　/64
第 5 节　视图　　　　　　　　　　　　/66
第 6 节　数据控制　　　　　　　　　　/71

SQL 是结构化查询语言的缩写,是介于关系代数与关系演算之间的语言。其功能包括查询、操纵、定义和控制 4 个方面,是一种通用的、功能极强的关系数据库语言。目前已成为关系数据库的标准语言。

第 1 节　SQL 概述

一、SQL 的主要功能

SQL 的功能分成 4 部分:数据定义、数据查询、数据操纵、数据控制。

1. 数据定义

数据定义语言(DDL)是 SQL 语言集中负责数据结构定义与数据库对象定义的语言,由 CREATE、ALTER 与 DROP 三个语法组成,见表 3—1。最早起始于 CODASYL (Conference on Data Systems Languages)数据模型,现在被纳入 SQL 指令中作为其中一个子集。目前大多数的 DBMS 都支持对数据库对象的 DDL 操作,部分数据库(如 Postgre SQL)可把 DDL 放在交易指令中,也就是它可以回滚(Rollback)。较新版本的 DBMS 会加入 DDL 专用的触发程序,让数据库管理员可以追踪来自 DDL 的修改。

表 3—1　　　　　　　　　　SQL 数据定义语句

操作对象	操作方式		
	创建	删除	修改
模式	CREATE SCHEMA	DROP SCHEMA	
表	CREATE TABLE	DROP TABLE	ALTER TABLE
视图	CREATE VIEW	DROP VIEW	
索引	CREATE INDEX	DROP INDEX	

2. 数据查询

SQL 查询语言通过 Select 语句完成在数据库表中选取数据,查询结果存储在一个结果表中(称为结果集)。同时通过 from,where,group by 等实现按照条件查询结果并按照输出表达式输出所需格式的结果。

3. 数据操纵

用户通过数据操纵语言(DML)可以实现对数据库的基本操作。例如,对表中数据的插入、删除和修改。

4. 数据控制

数据控制语言（DCL）是用来设置或者更改数据库用户或角色权限的语句，这些语句包括 GRANT、DENY、REVOKE 等语句。在默认状态下，只有 sysadmin、dbcreator、db_owner 或 db_securityadmin 等角色的成员才有权力执行数据控制语言。

二、SQL 的特点

1. 交互式和嵌入式

SQL 语言既是自含式语言，又是嵌入式语言。

SQL 作为自含式语言，使用户可以直接在终端键盘上输入 SQL 命令对数据库进行操作。SQL 作为嵌入式语言，能够嵌入到高级语言程序中，供程序员设计程序时使用。而在两种不同的使用方式下，SQL 的语法结构基本是一致的。这种以统一的语法结构提供多种不同使用方式的做法，体现了极大的灵活性与方便性。

2. 综合统一

SQL 语言集数据定义语言、数据操纵语言、数据控制语言的功能于一体，语言风格统一，可以独立完成数据库生命周期中的全部活动，包括定义关系模式、录入数据以建立数据库、查询、更新、维护、数据库重构、数据库安全性控制等一系列操作要求，这就为数据库应用系统开发提供了良好的环境。例如用户在数据库投入运行后，还可根据需要随时逐步地修改模式，并不影响数据库的运行，从而使系统具有良好的可扩充性。

3. 简单易学

SQL 功能强大，但由于设计巧妙，语言简洁方便，完成核心功能只需 9 个接近英语口语的动词，见表 3—2。

表 3—2　　　　　　　　　　SQL 的动词

动词	英文动词	动词	英文动词
数据查询	SELECT	数据操纵	INSERT，UPDATE，DELETE
数据定义	CREATE，DROP，ALTER	数据控制	GRANT，REVOKE

4. 高度非过程化

非关系数据模型的数据操纵语言是面向过程的语言，用其完成某项请求，必须指定存取路径。而用 SQL 语言进行数据操作，用户只需提出"做什么"，而不必指明"怎么做"，因此用户无须了解存取路径，存取路径的选择以及 SQL 语句的操作过程由系统自动完成。这不但大大减轻了用户负担，而且有利于提高数据独立性。

5. 面向集合的操作方式

SQL 语言采用了集合操作方式，操作对象、查找结果以及一次插入、删除、更新操作的对象都可以是元组的集合。而非关系数据模型采用的是面向记录的操作方式，任何一个操作的对象都是一条记录。

第 2 节　数 据 定 义

一、创建与删除数据库

1. 创建数据库

以 SQL Server 为例，在查询分析器中输入 CREATE DATABASE 语句。

语法格式：

CREATE DATABASE database_name

[ON

{[PRIMARY](NAME=logical_file_name,

FILENAME='osfilename',

[,SIZE=size]

[,MAXSIZE={max_size|UNLIMITED}]

[,FILEGROWTH=grow_increment])

}[,…n]

LOGON

{(NAME=logical_file_name,

FILENAME='os_file_name'

[,SIZE=size]

[,MAXSIZE={max_size|UNLIMITED}]

[FILEGROWTH=growth_increment])

}[,…n]

COLLATE collation_name

例如，CREATE DATABASE（建立数据库）的指令为：

CREATE DATABASE Sales

ON(NAME=Sales_dat,FILENAME='saledat.mdf',SIZE=10,MAXSIZE=50,FILEGROWTH=5)

LOGON(NAME=Sales_log,FILENAME='salelog.ldf',SIZE=5MB,MAXSIZE=25MB,FILEGROWTH=5MB)

其中的 ON 为数据库文件的声明，而 LOGON 为交易记录档的声明。若需要更高级的设置，则还有 FOR 和 WITH 以及 COLLATE 等。

2. 删除数据库

语法格式：

DROP DATABASE database_name[,database_name…]

USE master

DROP DATABASE STUDENT

GO

二、创建、修改和删除基本表

表是数据库中非常重要的对象，它用于存储用户的数据。创建表就是定义表所包含的列的结构，其中包括列的名称、约束等。

1. 创建基本表

CREATE TABLE <表名>

  (<列名><数据类型>[<列级完整性约束条件>]

  [,<列名><数据类型>[<列级完整性约束条件>]]…

  [,<表级完整性约束条件>]);

其中，

<表名>：所要定义的基本表的名字；

<列名>：组成该表的各个属性（列）；

<列级完整性约束条件>：涉及相应属性列的完整性约束条件；

<表级完整性约束条件>：涉及一个或多个属性列的完整性约束条件；

常用完整性约束：

①主码约束：PRIMARY KEY；

②唯一性约束：UNIQUE；

③非空值约束：NOT NULL；

④参照完整性约束：FOREIGN KEY 外码名，REFERENCES 被参照关系。

【例3—1】 建立一个"学生"表 Student，它由学号 Sno、姓名 Sname、性别 Ssex、

年龄 Sage、所在系 Sdept 5 个属性组成。其中学号不能为空，值是唯一的，并且姓名取值也唯一。

```
CREATE TABLE Student
(Sno CHAR(5) NOT NULL UNIQUE,
Sname CHAR(20) UNIQUE,
Ssex CHAR(1),
Sage INT,
Sdept CHAR(15));
```

2. 修改基本表

基本表在创建之后可以用 SQL 的 ALTER TABLE 命令修改表结构，该命令的一般格式如下：

ALTER TABLE <表名>
　　［ADD <新列名> <数据类型>［完整性约束］］
　　［DROP <完整性约束名>］
　　［ALTER COLUMN <列名> <数据类型>］;

其中，

<表名>：要修改的基本表；

ADD 子句：增加新列和新的完整性约束条件；

DROP 子句：删除指定的完整性约束条件；

ALTER 子句：用于修改列名和数据类型。

【例 3—2】　向 Student 表增加"入学时间"列，其数据类型为日期型。

ALTER TABLE Student ADD S_entrance DATE；

不论基本表中原来是否已有数据，新增加的列一律为空值。

【例 3—3】　将年龄的数据类型改为整型。

ALTER TABLE Student ALTER COLUMN Sage INT；

注意：修改原有的列定义有可能会破坏已有数据。

3. 删除基本表

当基本表不再需要时，可以通过 DROP TABLE 命令删除。

DROP TABLE <表名>［RESTRICT|CASCADE］

其中，

RESTRICT：该表的删除是有限制条件的。欲删除的基本表不能被其他表的约束所引用，不能有视图，不能有触发器，不能有存储过程或函数等。如果存在这些依赖，则此表不能删除。

CASCADE：该表的删除没有限制条件。在删除基本表的同时，相关的依赖对象如视图、索引等一并被删除。

【例 3—4】 删除 Student 表。

DROP TABLE Student CASCADE；

执行该条语句后，不仅 Student 表中的数据和此表的定义将被删除，而且此表上建立的索引、视图、触发器等有关对象也都被删除。因此执行删除基本表的操作要格外小心。

三、创建与删除索引

索引是为了加速对表中数据行的检索而创建的一种关键字与其相应地址的对应表。索引是针对一个表而建立的，且只能由表的所有者创建。

有效地设计索引可以提高数据库系统的性能。索引建立了到达数据的直接路径，从而允许用户更高效地访问数据。同时，创建的索引越多，数据变化时为了保持索引同步所承受的负担就越大，因此过多的索引可能会降低修改数据时的性能。

1. 索引的作用

创建索引可以提高数据库系统的性能：

（1）通过创建唯一性索引，可以保证数据库表中每一行数据的唯一性。

（2）可以大大加快数据的检索速度，这也是创建索引的最主要的原因。

（3）可以加速表和表之间的连接，特别是在实现数据的参考完整性方面特别有意义。

（4）在使用分组和排序子句进行数据检索时，同样可以显著减少查询中分组和排序的时间。

（5）通过使用索引，可以在查询的过程中使用优化隐藏器，提高系统的性能。

2. 索引的类型

根据索引的顺序与数据表的物理顺序是否相同，可以把索引分成两种类型。一种是数据表的物理顺序与索引顺序相同的聚簇索引，另一种是数据表的物理顺序与索引顺序不同的非聚簇索引。

（1）聚簇索引的体系结构（Clustered Index）。索引的结构类似于树状结构，树的顶部称为叶级，树的其他部分称为非叶级，树的根部在非叶级中。同样，在聚簇索引中，聚簇索引的叶级和非叶级构成了一个树状结构，索引的最低级是叶级。在聚簇索引中，表中的数据所在的数据页是叶级，在叶级之上的索引页是非叶级，索引数据所在的索引页是非叶级。在聚簇索引中，数据值的顺序总是按照升序排列。

建立聚簇索引后，更新索引列数据时，往往导致表中记录的物理顺序的变更，代价较大，因此对经常更新的列不宜建立聚簇索引。

（2）非聚簇索引的体系结构（Non-clustered Index）。非聚簇索引的结构也是树状结构，与聚簇索引的结构非常类似，但是也有明显的不同。在非聚簇索引中，叶级仅包含关键值，而没有包含数据行。非聚簇索引表示行的逻辑顺序。非聚簇索引有两种体系结构：一种体系结构是在没有聚簇索引的表上创建非聚簇索引，另一种体系结构是在有聚簇索引的表上创建非聚簇索引。

3．创建索引

语句格式：

CREATE [UNIQUE] [CLUSTER] INDEX <索引名>

ON <表名>(<列名>[<次序>][,<列名>[<次序>]]…)；

其中，

用<表名>指定要建索引的基本表名字，索引可以建立在该表的一列或多列上，各列名之间用逗号分隔；

用<次序>指定索引值的排列次序，升序为 ASC，降序为 DESC。默认值为 ASC；

UNIQUE 表明此索引的每一个索引值只对应唯一的数据记录；

CLUSTER 表示要建立的索引是聚簇索引。

【例 3—5】　CREATE CLUSTER INDEX Stusname ON Student（Sname）；

表示在 Student 表的 Sname（姓名）列上建立一个聚簇索引，而且 Student 表中的记录将按照 Sname 值的升序存放。

4．删除索引

索引一经建立，就由系统使用和维护，无须用户干预。建立索引的目的是减少查询操作的时间，但如果数据增删改频繁，系统会花费许多时间来维护索引，从而降低查询效率。这时就可以删除一些索引。

DROP INDEX <索引名>；

删除索引时，系统会从数据字典中删去有关该索引的描述。

【例 3—6】　删除 Student 表的 Stusname 索引。

DROP INDEX Stusname；

索引是关系数据库的内部实现技术，属于内模式的范畴。

第3节 数据查询

查询功能是 SQL 语言的核心功能，是数据库中使用得最多的操作，也是最复杂的一个语句。

一、概述

数据查询是 SQL 语言中最重要的部分，根据不同的组合可以实现不同功能和不同层次的查询。

语句格式：

SELECT [ALL|DISTINCT]<目标列表达式>[,<目标列表达式>]…
FROM <表名或视图名>[,<表名或视图名>]…
[WHERE <条件表达式>]
[GROUP BY<列名1>[HAVING<条件表达式>]]
[ORDER BY<列名2>[ASC|DESC]];

其中，

SELECT 子句：指定要显示的属性列；

FROM 子句：指定查询对象（基本表或视图）；

WHERE 子句：指定查询条件；

GROUP BY 子句：对查询结果按指定列的值分组，该属性列值相等的元组为一个组，通常会在每组中使用聚集函数；

HAVING 短语：筛选出满足指定条件的组；

ORDER BY 子句：对查询结果表按指定列值的升序或降序排序。

【例3—7】 本节以【例2—6】学生—课程数据库为例介绍几种常用的查询功能。

学生表：Student（Sno，Sname，Ssex，Sage，Sdept）

课程表：Course（Cno，Cname，Cpno，Ccredit）

学生选课表：SC（Sno，Cno，Grade）

二、单表查询

查询仅涉及一个表，是一种最简单的查询操作：选择表中的若干列；选择表中的若干元组；对查询结果排序；使用聚集函数；对查询结果分组。

1. 查询指定列

【例3—8】 查询全体学生的学号与姓名。

SELECT Sno,Sname

FROM Student；

【例3—9】 查询全体学生的姓名、学号、所在系。

SELECT Sname,Sno,Sdept

FROM Student；

2. 查询全部列

【例3—10】 查询全体学生的详细记录。

SELECT Sname,Sno,Ssex,Sage,Sdept

FROM Student；

或

SELECT *

FROM Student；

3. 查询经过计算的值

SELECT子句的<目标列表达式>可以为以下表达式：算术表达式，字符串常量，函数，列别名等。

【例3—11】 查询全体学生的姓名、出生年份和所在系，要求用小写字母表示所有系名。

SELECT Sname,'Year of Birth:',2012－Sage,LOWER(Sdept)

FROM Student；

【例3—12】 查询全体学生的姓名及其出生年份。

SELECT Sname,2012－Sage

FROM Student；

4. 使用聚集函数

使用聚集函数可以增强检索功能。常用聚集函数如下：

计数：COUNT（[DISTINCT | ALL] *），

COUNT（[DISTINCT | ALL] <列名>）；

计算总和：SUM（[DISTINCT | ALL] <列名>）；

计算平均值：AVG（[DISTINCT | ALL] <列名>）；

求最大值：MAX（[DISTINCT | ALL] <列名>）；

求最小值：MIN（［DISTINCT｜ALL］＜列名＞）；

其中，DISTINCT表示取消重复值。

【例3—13】 查询选修了课程的学生人数。

SELECT COUNT(DISTINCT Sno)

FROM SC；

【例3—14】 计算1号课程学生的平均成绩。

SELECT AVG(Grade)

FROM SC

WHERE Cno='1';

【例3—15】 查询选修1号课程学生的最高分数。

SELECT MAX(Grade)

FROM SC

WHERE Cno='1';

5. 条件查询

查询满足指定条件的元组可以通过WHERE子句实现，WHERE子句常用的查询条件见表3—3。

表3—3　　　　　　　　WHERE子句的查询条件

查询条件	谓词
比较	=，＞，＜，＞=，＜=，!=/＜＞,！＞,！＜ NOT＋上述比较运算符
确定范围	BETWEEN AND，NOT BETWEEN AND
确定集合	IN，NOT IN
字符匹配	LIKE，NOT LIKE
空值	IS NULL，IS NOT NULL
多重条件	AND，OR

【例3—16】 查询计算机系全体学生的名单。

SELECT Sname

FROM Student

WHERE Sdept='CS';

【例3—17】 查询考试成绩不及格学生的学号。

SELECT DISTINCT Sno

FROM SC
WHERE Grade<60;

【例 3—18】 查询所有年龄在 20 岁以下的学生姓名及其年龄。
SELECT Sname,Sage
FROM Student
WHERE Sage<20;
或
SELECT Sname,Sage
FROM Student
WHERE NOT Sage>=20;

【例 3—19】 查询学号为 95001 的学生的详细情况。
SELECT *
FROM Student
WHERE Sno LIKE '95001';
等价于:
SELECT *
FROM Student
WHERE Sno='95001';

6. 分组查询

GROUP BY 子句可以将查询结果按某一列或多列的值分组,值相等的为一组。

使用 GROUP BY 子句分组,可以细化聚集函数的作用对象。

如果未对查询结果分组,聚集函数将作用于整个查询结果。

如果对查询结果分组,聚集函数将分别作用于每个分组。

【例 3—20】 求各个课程号及相应的选课人数。
SELECT Cno,COUNT(Sno)
FROM SC
GROUP BY Cno;

说明:

GROUP BY 子句的作用对象是查询的中间结果表。

分组方法可按指定的一列或多列分组,也可按值相等的为一组。

7. 查询结果排序

用户可以通过 ORDER BY 子句对查询结果按照一个或多个属性列的升序或降序排列,

默认升序。

当属性列中含有空值时,ASC 表示含空值的元组最后显示;DESC 表示含空值的元组最先显示。

【例 3—21】 查询选修了 3 号课程的学生学号及其成绩,查询结果按分数降序排列。

SELECT Sno,Grade

FROM SC

WHERE Cno='3'

ORDER BY Grade DESC;

【例 3—22】 查询有 3 门以上课程是 90 分以上的学生的学号及(90 分以上的)课程数。

SELECT Sno,COUNT(*)

FROM SC

WHERE Grade>=90

GROUP BY Sno

HAVING COUNT(*)>=3;

三、连接查询

一个数据库中的多个表之间一般都存在某种内在联系,它们共同提供有用的信息。前面的查询都是针对一个表进行的。若一个查询同时涉及两个以上的表,则称为连接查询。连接查询主要包括内连接、外连接和交叉连接。

连接查询是关系数据库中最主要的查询。

基本格式:

[<表名 1>.] <列名 1><比较运算符>[<表名 2>.] <列名 2>

比较运算符:=、>、<、>=、<=、!=

[<表名 1>.] <列名 1>BETWEEN [<表名 2>.] <列名 2>AND [<表名 2>.] <列名 3>

1. 连接的类型

连接的类型包括广义笛卡儿积、等值与非等值连接、自身连接、外连接、复合条件连接。

2. 自身连接

一个表与其自己进行连接,需要给表起别名以示区别,由于所有属性名都是同名属性,因此必须使用别名前缀。

【例3—23】 查询每一门课的间接选修课（即选修课的选修课）。

SELECT FIRST.Cno,SECOND.Cpno
FROM Course FIRST,Course SECOND
WHERE FIRST.Cpno=SECOND.Cno

查询结果见表3—4、表3—5、表3—6。

表3—4 自身连接查询示意 I

Cno	Cname	Cpno	Ccredit
1	数据库	5	4
2	数学	1	2
3	信息系统	6	4
4	操作系统	7	3
5	数据结构	6	4
6	数据处理		2
7	PASCAL语言		1

表3—5 自身连接查询示意 II：FIRST 表

Cno	Cname	Cpno	Ccredit
1	数据库	5	4
2	数学	1	2
3	信息系统	6	4
4	操作系统	7	3
5	数据结构	6	4
6	数据处理		2
7	PASCAL语言		1

表3—6 自身连接查询示意 III：SECOND 表

Cno	Cname	Cpno	Ccredit
1	数据库	5	4
2	数学	1	2
3	信息系统	6	4
4	操作系统	7	3
5	数据结构	6	4
6	数据处理		2
7	PASCAL语言		1

3. 外连接

外连接与普通连接的区别是：普通连接操作只输出满足连接条件的元组；外连接操作以指定表为连接主体，将主体表中不满足连接条件的元组一并输出。

【例3—24】 查询每个学生及其选修课程的情况包括没有选修课程的学生，用外连接操作。

SELECT Student.Sno,Sname,Ssex,Sage,Sdept,Cno,Grade

FROM Student,SC

WHERE Student.Sno=SC.Sno(*);

关于外连接的说明如下：

(1) 在表名后面加外连接操作符（*）或（+）指定非主体表。

(2) 非主体表有一"万能"的虚行，该行全部由空值组成。

(3) 虚行可以和主体表中所有不满足连接条件的元组进行连接。

(4) 由于虚行各列全部是空值，因此与虚行连接的结果中，来自非主体表的属性值全部是空值。

(5) 外连接符出现在连接条件的左边，称为左外连接。

(6) 外连接符出现在连接条件的右边，称为右外连接。

4. 复合条件连接

如果WHERE子句有多个连接条件，则称为复合条件连接。

【例3—25】 查询选修2号课程且成绩在90分以上的所有学生的学号、姓名。

SELECT Student.Sno,Student.Sname

FROM Student，SC

WHERE Student.Sno=SC.Sno AND

    SC.Cno='2' AND

    SC.Grade>90；

【例3—26】 查询每个学生的学号、姓名、选修的课程名及成绩。

SELECT Student.Sno,Sname,Cname,Grade

FROM Student,SC,Course

WHERE Student.Sno=SC.Sno AND SC.Cno=Course.Cno；

四、嵌套查询

在SQL语言中，一个SELECT－FROM－WHERE语句称为一个查询块。将一个查询块嵌套在另一个查询块的WHERE子句或HAVING短语的条件中的查询称为嵌套查询。

1. 带 IN 谓词的嵌套查询

当且仅当 S 和 R 中的某个值相等时，S IN R 为真；当且仅当 S 和 R 中的任何一个值都不相等时，S NOT IN R 为真。

【例 3—27】 查询与"刘晨"在同一个系学习的学生。

(1) 单表查询实现

1) 确定"刘晨"所在系名

SELECT Sdept

FROM Student

WHERE Sname='刘晨';

2) 查找所有在 IS 系学习的学生

SELECT Sno,Sname,Sdept

FROM Student

WHERE Sdept='IS';

(2) 嵌套查询实现

SELECT Sno,Sname,Sdept

FROM Student

WHERE Sdept IN

(SELECT Sdept

FROM Student

WHERE Sname='刘晨');

(3) 自身连接实现

SELECT S1.Sno,S1.Sname,S1.Sdept

FROM Student S1,Student S2

WHERE S1.Sdept=S2.Sdept AND S2.Sname='刘晨';

【例 3—28】 查询选修了课程名为"信息系统"的学生学号和姓名。

SELECT Sno,Sname

FROM Student

WHERE Sno IN

　　(SELECT Sno

FROM SC

WHERE Cno IN

(SELECT Cno

FROM Course

WHERE Cname='信息系统'));

2. 带比较运算符的嵌套查询

带比较运算符的子查询是指父查询与子查询之间用比较运算符进行连接。其特点如下：

（1）当能确切知道内层查询返回单值时，可用比较运算符（>，<，=，>=，<=，!=或<>）。

（2）与 ANY 或 ALL 谓词配合使用。

【例3—29】 假设一个学生只能在一个系学习，并且必须属于一个系，则可以用=代替 IN。

SELECT Sno，Sname，Sdept

FROM Student

WHERE Sdept =

(SELECT Sdept

FROM Student

WHERE Sname='刘晨')；

3. 带 EXISTS 谓词的嵌套查询

EXISTS 代表存在量词。带有 EXISTS 谓词的子查询不返回任何数据，只产生逻辑真值 "true" 或逻辑假值 "false"。若内层查询结果非空，则返回真值，若内层查询结果为空，则返回假值。

由 EXISTS 引出的子查询，其目标列表达式通常都用 *，因为带 EXISTS 的子查询只返回真值或假值，给出列名无实际意义。与 EXISTS 谓词相对应的是 NOT EXISTS 谓词。使用 NOT EXISTS 后，若内层查询结果为空，则外层的 WHERE 子句返回真值，否则返回假值。

不同形式的查询间的替换，用 EXISTS/NOT EXISTS 实现全称量词。SQL 语言中没有全称量词（For All）。可以把带有全称量词的谓词转换为等价的带有存在量词的谓词，用 EXISTS/NOT EXISTS 实现逻辑蕴含。

第4节 数据操纵

数据操纵（更新）操作有三种：向表中添加若干行数据、修改表中的数据和删除表中的若干行数据。

一、插入数据

DBMS 在执行插入语句时，会检查所插元组是否破坏表上已定义的完整性规则，包括实体完整性、参照完整性和用户定义完整性。

1. 插入单个元组

【例3—30】 插入一条选课记录（'95020'，'1'）。

INSERT

INTO SC(Sno,Cno)

VALUES ('95020','1');

2. 插入多个元组

语句格式：

INSERT

INTO <表名>[(<属性列1>[,<属性列2>…)]

子查询；

【例3—31】 对每一个系求学生的平均年龄，并把结果存入数据库。

第一步，建表

CREATE TABLE Deptage

(Sdept CHAR(15)

Avgage SMALLINT)；

第二步，插入数据

INSERT

INTO Deptage(Sdept,Avgage)

SELECT Sdept,AVG(Sage)

FROM Student

GROUP BY Sdept；

二、修改数据

DBMS 在执行修改语句时，会检查修改操作是否破坏表上已定义的完整性规则，包括实体完整性、主码不允许修改、用户定义完整性。

1. 修改一个元组的值

【例3—32】 将学生 95001 的年龄改为 22 岁。

UPDATE Student
SET Sage=22
WHERE Sno='95001';

2. 修改多个元组的值

【例3—33】 将所有学生的年龄增加 1 岁。

UPDATE Student
SET Sage=Sage+1;

3. 带子查询的修改语句

【例3—34】 将计算机科学系全体学生的成绩置零。

UPDATE SC
SET Grade=0
WHERE 'CS'=
  (SELECT Sdept
  FROM Student
  WHERE Student.Sno=SC.Sno);

三、删除数据

删除语句的一般格式：
DELETE
FROM ＜表名＞
[WHERE ＜条件＞];

删除指定表中满足 WHERE 子句条件的元组。

1. 删除一个元组的值

【例3—35】 删除学号为 95019 的学生记录。

DELETE
FROM Student

WHERE Sno='95019';

2. 删除多个元组的值

【例3—36】 删除2号课程的所有选课记录。

DELETE
FROM SC;
WHERE Cno='2';

【例3—37】 删除所有的学生选课记录。

DELETE
FROM SC;

3. 带子查询的删除语句

【例3—38】 删除计算机科学系所有学生的选课记录。

DELETE
FROM SC
WHERE 'CS'=
 (SELECT Sdept
 FROM Student
 WHERE Student.Sno=SC.Sno);

第5节 视 图

视图是数据库中一个可见的表，视图的内容由一个或几个基本表（或视图）导出。对于数据库用户来说，视图似乎是一个真实的表，它具有一组命名的数据列和行。但与真实的表不同，视图不能像存储的一组数据那样在数据库中存在，因此它是一个虚表。数据库仅存放视图的定义，而不存放视图对应的数据，这些数据仍存放在原来的基本表中。如果基本表中的数据发生变化，从视图中查询出的数据也随之改变。

视图一经定义，就可以和基本表一样被查询和删除，也可以在一个视图之上再定义新的视图，但对视图的更新有一定的限制。

一、定义视图

SQL语言用CREATE VIEW命令建立视图，其一般格式为：

CREATE VIEW <视图名>[(<列名>[,<列名>],…)]
  AS <子查询>
  [WITH CHECK OPTION]

如果 CREATE VIEW 语句仅指定了视图名,省略了组成视图的各个属性列名,则隐含该视图由子查询中的 SELECT 子句目标列中的字段组成。但在下列三种情况下必须明确指定组成视图的所有列名:

第一,其中某个目标列不是单纯的属性名,而是聚集函数或列表达式。
第二,多表连接时选出了几个同名列作为视图的字段。
第三,需要在视图中为某个列启用新的更合适的名字。

需要说明的是,组成视图的属性列名必须依照上面的原则,或者全部省略或者全部指定,没有第三种选择。

CREATE VIEW 语句中的子查询可以是任意复杂的 SELECT 语句,但通常不允许含有 ORDER BY 子句和 DISTINCT 短语,如果需要排序,则可在视图建立后,对视图查询时再进行排序。

WITH CHECK OPTION 表示对视图进行 UPDATE、INSERT 和 DELETE 操作时要保证更新、插入或删除的行满足视图定义中的谓词条件(即子查询中的条件表达式)。

【例 3—39】 基于 titles 表创建一个视图 titles_view1,用它显示价格在 10 元以下图书的编号、书名、类别和价格。

CREATE VIEW titles_view1(编号,书名,类别,价格)
AS
SELECT title_id,title,type,price
FROM titles
WHERE price<10

实际上,DBMS 执行 CREATE VIEW 语句的结果只是把对视图的定义存入数据字典,并不执行其中的 SELECT 语句。只是在对视图查询时,才按视图的定义从基本表中查出数据。

二、视图分类

1. 水平视图

水平视图用于约束用户只能存取表的某些行。

【例 3—40】 基于 titles 表创建一个视图 titles_view2,用它显示价格在 10 元以下图书的情况,并要求进行修改或插入操作时仍需保证该视图只有 10 元以下的图书。

```
CREATE VIEW titles_view2
AS
SELECT *
FROM titles
WHERE price<10
WITH CHECK OPTION
```

由于在定义 titles_view2 视图时加上了 WITH CHECK OPTION 子句，以后对该视图进行插入、修改和删除操作时，DBMS 会自动加上 price<10 的条件。

2. 垂直视图

垂直视图用于约束用户只能存取表的某些列。

【例3—41】 基于 titles 表创建一个视图 titles_view3，用它显示图书的编号、书名、类别和价格。

```
CREATE VIEW titles_view3(编号,书名,类别,价格)
AS
SELECT title_id,title,type,price
FROM titles
```

3. 行列子集视图

若一个视图是从单个基本表导出的，并且只是去掉了基本表的某些行和某些列，但保留了码，称为行列子集视图。

4. 分组视图

分组视图就是在视图定义规定的子查询中可以包含一个 GROUP BY 子句。

【例3—42】 将学生的学号及平均成绩定义为一个视图，假设 SC 表中"成绩"列 Grade 为数字型。

```
CREAT VIEW S_G(Sno,Gavg)
AS
SELECT Sno,AVG(Grade)
FROM SC
GROUP BY Sno；
```

5. 带表达式视图

定义基本表时，为了减少数据库中的冗余数据，表中只存放基本数据，由基本数据经过各种计算派生出的数据一般是不存储的。但由于视图中的数据并不实际存储，所以定义视图时可以根据应用的需要，设置一些派生属性列。这些派生属性由于在基本表中并不实标存在，所以有时也称为虚拟列。带虚拟列的视图称为带表达式的视图。

【例3—43】 定义一个反映学生出生年份的视图。

CREATE VIEW BT_S(Sno,Sname,Sbirth)

AS

SELECT Sno,Sname,2012－Sage

FROM Student;

6. 多表视图

在视图定义中使用两个表或三个表连接查询，就能够生成一个从两个或三个不同表中提取数据的联合视图（Joined View），并且把查询结果表示为一个单独的可见表。

【例3—44】 建立信息系选修了1号课程的学生视图。

CREATE VIEW IS_S1(Sno,Sname,Grade)

AS

SELECT Student.Sno,Sname,Grade

FROM Student,SC

WHERE Sdept='IS' AND

Student.Sno=SC.Sno AND

SC.Cno='1';

除了上面介绍的几种视图之外，还有一种特殊的视图——视图的视图，也就是说，视图不仅可以建立在一个或多个基本表上，也可以建立在一个或多个已定义好的视图上，或同时建立在基本表与视图上。

【例3—45】 基于视图 titles_view3 创建一个视图 titles_view5，用它显示各类图书的平均价格。

CREATE VIEW titles_view5(类别,平均价格)

AS

SELECT 类别,AVG(价格)

FROM titles_view3

GROUP BY 类别;

三、使用视图

1. 查询视图

视图创建后，对视图的查询操作如同基本表的查询操作一样。

DBMS执行视图查询时首先把它转换成等价的对基本表的查询，然后执行修改了的查询。即当查询是对视图时,系统首先从数据字典中取出该视图的定义,然后把定义中的子查询和视图查询语句结合起来,形成一个修正的查询语句,这个转换过程称为视图消解(View Resolution)。

【例 3—46】 查询视图 titles _ view1 中类别为 business 图书的编号、书名和价格。

SELECT 编号,书名,价格

FROM titles_view1

WHERE 类别='business'

转换后的查询语句为:

SELECT title_id'编号',title'书名',price'价格'

FROM titles

WHERE type='business' AND price<10;

2. 更新视图

由于视图是一张虚表,因此对视图的更新,最终要转换为对基本表的更新。更新视图包括插入(INSERT)、删除(DELETE)和修改(UPDATE)3 类操作,其语法格式与对基本表的更新操作一样。

为防止用户无意或故意操作不属于视图范围内的基本表数据,通过视图对数据进行增、删、改,可在定义视图时加上 WITH CHECK OPTION 子句,这样在视图上增、删、改数据时,DBMS 会进一步检查视图定义中的条件,若不满足条件,则拒绝执行该操作。

【例 3—47】 将视图 titles_view2 中编号为 BU2075 的图书价格增加 2 元。

UPDATE titles_view2

SET price=price+2

WHERE title_id='BU2075'

与查询视图类似,DBMS 执行此语句时,首先进行有效性检查,检查所涉及的表、视图等是否在数据库中存在,如果存在,则从数据字典中取出该语句涉及的视图的定义,把定义中的子查询和用户对视图的更新操作结合起来,转换成对基本表的更新,然后再执行这个经过修正的更新操作。转换后的更新语句为:

UPDATE titles

SET price=price+2

WHERE title_id='BU2075' AND price<10

在关系数据库中,并不是所有的视图都是可更新的,因为有些视图的更新不能唯一有意义地转换成对相应基本表的更新。一般地说,行列子集视图是可更新的,还有些视图理论上是可更新的。实际关系数据库系统对其他类型视图更新有不同的限制。

3. 删除视图

SQL 语言用 DROP VIEW 命令删除视图,其一般格式为:

DROP VIEW ＜视图名＞

【例 3—48】 删除视图 titles_view3。

DROP VIEW titles_view3;

执行此语句后,视图 titles_view3 的定义将从数据字典中被删除。由视图 titles_view3 导出的视图 titles_view5 的定义虽仍在数据字典中,但该视图已无法使用了,因此应该同时删除。

第 6 节 数据控制

数据控制语言(DCL)是用来设置或者更改数据库用户或角色权限的语句,这些语句包括 GRANT、DENY、REVOKE 等语句。在默认状态下,只有 sysadmin、dbcreator、db_owner 或 db_securityadmin 等角色的成员才有权限执行数据控制语言。

一、GRANT

SQL 语言用 GRANT 语句向用户授予对数据对象的操作权限,GRANT 语句的一般格式为:

GRANT ＜权限＞[＜权限＞]…

ON ＜对象类型＞＜对象名＞[,＜对象名＞]…

TO ＜用户＞[＜用户＞]…

[WITH GRANT OPTION];

数据对象可以是表、视图和表中的属性。对表的使用权限可以是查询(SELECT)、插入(INSERT)、修改(UPDATE)、删除(DELETE)、修改表(ALTER)、建立索引(INDEX)及这 6 种权限的总和(ALL PRIVILIGES)。对视图和属性的使用权限可以是查询(SELECT)、插入(INSERT)、修改(UPDATE)、删除(DELETE)及这 4 种权限的总和(ALL PRIVILIGES)。指定表、视图、属性时,对象类型都写为 TABLE。

授权用户是 DBMS 中定义的一个或多个用户的名称,也可以是用 PUBLIC 代表的所有用户。

授权的工作通常由 DBA 完成,如果在 GRANT 语句中指定了 WITH GRANT OP-

TION 子句，则获得权限的用户可以把该权限再授予其他用户。

【例3—49】 把查询 Student、Course 表的权限授予所有用户。
GRANT SELECT ON TABLE Student TO PUBLIC;

【例3—50】 把查询 SC 表和修改 SC 中 Grade 的权限授予用户 U1、U2。
GRANT SELECT，UPDATE(Grade) ON TABLE SC TO U1、U2;

【例3—51】 把向 Student 表中插入数据的权限授予用户 U3，并允许 U3 继续授权。
GRANT INSERT ON TABLE Student TO U3 WITH GRANT OPTION;

二、DENY

DENY 语句用于拒绝给当前数据库内的用户或者角色授予权限，并防止用户或角色通过其组或角色成员继承权限。

拒绝权限的语法形式为：
DENY{ ALL | statement [, …n]} TO security_account [, …n]
拒绝对象权限的语法形式为：
DENY<权限>[,<权限>]…
ON<对象类型><对象名>[,<对象名>]…
TO <用户>[,<用户>]…[CASCADE]

【例3—52】 禁止 U2 用户对 SC 表中 Grade 修改的权限。
DENY UPDATE (Grade) ON TABLE SC TO U2 CASCADE;

三、REVOKE

当用户在现实世界中的职务等发生改变时，DBA 需要调整用户的权限，需要用到收回权限的语句 REVOKE。

REVOKE 语句的语法是：
REVOKE<权限>[,<权限>]…
ON<对象类型><对象名>[,<对象名>]…
FROM <用户>[,<用户>]…

【例3—53】 收回 U2 用户对 SC 表中 Grade 修改的权限。
REVOKE UPDATE (Grade) ON TABLE SC FROM U2

第 4 章

关系规范化理论

第 1 节　数据依赖与函数依赖　　　　　　　　　　　　/74
第 2 节　范式　　　　　　　　　　　　　　　　　　/76
第 3 节　模式分解　　　　　　　　　　　　　　　　/80

前面已经分别讨论了关系数据库的基本概念、关系模型以及关系数据库的标准语言SQL等内容。但还有一个根本性问题尚未涉及：针对一个具体问题，应该如何构造一个适合于它的数据库模式，即应该构造几个关系模式，每个关系由哪些属性组成，各属性之间的依赖关系及其对关系模式性能的影响等。这就是关系数据库规范化理论所要研究的问题。

关系规范化理论对关系数据库结构的设计起着重要的作用，它主要包括三方面内容：数据依赖、范式和模式设计。其中，数据依赖研究数据之间的联系，起着核心作用；范式是关系模式的标准；模式设计是自动化设计的基础。

第1节 数据依赖与函数依赖

一、数据依赖

数据依赖是一个关系内部属性与属性之间的一种约束关系。这种约束关系是通过属性间值的相等与否体现出来的数据间相关联系。它是现实世界属性间相互联系的抽象，是数据内在的性质，是语义的体现。

现在人们已经提出了许多种类型的数据依赖，其中最重要的是函数依赖（Functional Dependency，FD）和多值依赖（Multivalued Dependency，MVD）。

数据依赖会影响到关系模式。

【例4—1】 描述学校的数据库：学生的学号（Sno）、所在系（Sdept）、系主任姓名（Mname）、课程名（Cname）、成绩（Grade）。

单一的关系模式：Student$<U, F>$，$U=$ {Sno, Sdept, Mname, Cname, Grade}。

学校数据库的语义：

①一个系有若干学生，一个学生只属于一个系。

②一个系只有一名主任。

③一个学生可以选修多门课程，每门课程有若干学生选修。

④每个学生所学的每门课程都有一个成绩。

因此得到属性U上的一组函数依赖F：

$F=$ {Sno→Sdept，Sdept→Mname，（Sno，Cname）→Grade}

该关系模式Student$<U, F>$中存在的问题见表4—1。

表 4—1　　　　　　　　　　Student<U, F>中存在的问题

问题	说明
数据冗余太大	浪费大量的存储空间，每一个系主任的姓名重复出现
更新异常 （Update Anomalies）	数据冗余，更新数据时，维护数据完整性代价大。例如，某系更换系主任后，系统必须修改与该系学生有关的每一个元组
插入异常 （Insertion Anomalies）	存在数据无法插入的情况。比如，如果一个系刚成立，尚无学生，就无法把这个系及其系主任的信息存入数据库
删除异常 （Deletion Anomalies）	如果某个系的学生全部毕业了，在删除该系学生信息的同时，把这个系及其系主任的信息也丢掉了

因此，Student 关系模式不是一个好的模式。好的模式应该不会发生插入异常、删除异常、更新异常，数据冗余应尽可能少。

可以通过分解关系模式来消除其中不合适的数据依赖，以解决由存在于模式中的某些数据依赖引起的问题。

二、函数依赖

1. 函数依赖的定义

在数据库中，属性值之间会发生联系。例如每个学生只有一个姓名，每门课程只有一个任课教师，每个学生学一门课程只能有一个总评成绩等。这类联系称为函数依赖，其形式定义如下：

设 $R(U)$ 是一个关系模式，U 是 R 的属性集合，X 和 Y 是 U 的子集。对于 $R(U)$ 的任意一个可能的关系 r，如果 r 中不存在两个元组，它们在 X 上的属性值相同，而在 Y 上的属性值不同，则称 "X 函数确定 Y" 或 "Y 函数依赖于 X"，记作 $X \rightarrow Y$。

对于函数依赖，需要说明以下几点：

（1）函数依赖不是指关系模式 R 的某个或某些关系实例满足的约束条件，而是指 R 所有关系实例均要满足的约束条件。

（2）函数依赖和别的数据之间的依赖关系一样，是语义范畴的概念。

【例 4—2】　"姓名→年龄" 这个函数依赖，只在没有同名人的条件下成立。如果有相同名字的人，则 "年龄" 就不再函数依赖于 "姓名" 了。

【例 4—3】　在上例中，设计者可以强行规定不允许同名人出现，因而使函数依赖 "姓名→年龄" 成立。这样当插入某个元组时，这个元组上的属性值必须满足规定的函数依赖，若发现同名人存在，则拒绝插入该元组。

进一步解释一些术语和形式化表示。

①若 $X \rightarrow Y$，则 X 称为这个函数依赖的决定属性集（Determinant）。

②若 $X \rightarrow Y$，并且 $Y \rightarrow X$，则记为 $X \longleftrightarrow Y$。

③若 Y 不函数依赖于 X，则记为 $X \nrightarrow Y$。

④平凡函数依赖与非平凡函数依赖。

在关系模式 R（U）中，对于 U 的子集 X 和 Y，如果 $X \rightarrow Y$，但 $Y \nsubseteq X$，则称 $X \rightarrow Y$ 为非平凡函数依赖，若 $Y \subseteq X$，则称 $X \rightarrow Y$ 为平凡函数依赖。

⑤完全函数依赖与部分函数依赖。

在关系模式 R（U）中，如果 $X \rightarrow Y$，并且对于 X 的任何一个真子集 X'，都有 $X' \nrightarrow Y$，则称 Y 完全函数依赖于 X，记作 $X \xrightarrow{f} Y$。若 $X \rightarrow Y$，但 Y 不完全函数依赖于 X，则称 Y 部分函数依赖于 X，记作 $X \xrightarrow{p} Y$。

⑥传递函数依赖。

在关系模式 R（U）中，如果 $X \rightarrow Y$，$Y \rightarrow Z$，且 $Y \nsubseteq X$，$Z \nsubseteq Y$，$Y \nrightarrow X$，则称 Z 传递函数依赖于 X。

2. 码

码是关系模式中一个重要概念。这里用函数依赖的概念来定义码。

设 K 为关系模式 $R<U，F>$ 中的属性值或属性组合，若 $K \xrightarrow{f} U$，则称为 R 的一个候选码（Candidate Key），若关系模式 R 有多个候选码，则选定其中的一个作为主码（Primary Key）。

包含在任何一个候选码中的属性称为主属性（Prime Attribute）。不包含在任何码中的属性称为非主属性（Nonprime Attribute）或非码属性（Non-key Attribute）。

第 2 节 范 式

范式是人们在设计数据库的实践中，根据不同的设计方法中出现操作异常和数据冗余的程度，将建立关系需要满足的约束条件划分成若干标准，这些标准称为范式，简记为 NF。

根据满足约束条件的级别不同，范式由低到高分为 1NF、2NF、3NF、BCNF、4NF、5NF 等。满足最低要求的称为第一范式，简称 1NF。在第一范式中满足进一步要求的为第二范式,其余以此类推。范式的级别越高,发生操作异常的可能性越小,数据冗余越小。但由于关联多,读取数据时花费时间也会相应增加。

一、第一范式和第二范式

1. 第一范式及其存在的问题

所谓第一范式(1NF)是指数据库表的每一列都是不可分割的基本数据项,同一列中不能同时有多个值,即实体中的某个属性不能有多个值或者不能有重复的属性。如果出现重复的属性,就可能需要定义一个新的实体,新的实体由重复的属性构成,新实体与原实体之间为一对多关系。在第一范式(1NF)中表的每一行只包含一个实例的信息。

第一范式存在的就是无重复的列。第一范式除了存在数据冗余的问题外,还会产生插入异常、删除异常、修改的问题。1NF 是关系模式应具备的最起码的条件。

2. 第二范式

若关系模式是 1NF,很可能出现数据冗余和异常操作,因此需把关系模式进一步规范化。

如果关系模式中存在局部依赖,就不是一个好的模式,需要把关系模式分解,以排除局部依赖,使模式达到 2NF 的标准。即若 $R\in 1NF$,且每一个非主属性完全函数依赖于码,则 $R\in 2NF$。

下面举一个不是 2NF 的例子。

【例 4—4】 关系模式 S-D-L-C(Sno,Sdept,Sloc,Cno,Grade)。其中 Sno 为学生学号,Sdept 为系别,Sloc 为学生住处,Cno 为课程编号,Grade 为年级。函数依赖有:

(Sno,Cno)→Grade

Sno→Sdept,(Sno,Cno)→Sdept

Sno→Sloc,(Sno,Cno)→Sloc

函数依赖关系如图 4—1 所示。

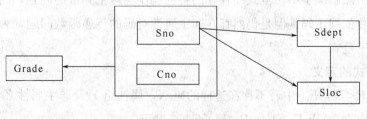

图 4—1 函数依赖关系

可以看到非主属性 Sdept、Sloc 并不完全函数依赖于码。因此 S-D-L-C（Sno，Sdept，Sloc，Cno，Grade）不符合 2NF 定义，不属于 2NF。

一个关系模式 R 不属于 2NF，就会产生 1NF 中所描述的问题。

3. 规范到第二范式

在讲述如何规范到第二范式前，先介绍什么是规范化。

一个低一级范式的关系模式，通过模式分解可以转化为若干高一级范式的关系模式的集合，这种过程称为规范化。

分析上面的例子，发现问题在于存在两种非主属性。一种是 Grade，它对码是完全函数依赖。另一种 Sdept、Sloc 对码不是完全函数依赖。解决的办法是用投影分解把关系模式 S-D-L-C 分解为两个关系模式。

SC（Sno，Cno，Grade）

SL（Sno，Sdept，Sloc）

关系模式 SC 与 SL 中属性间的函数依赖如图 4—2 所示。

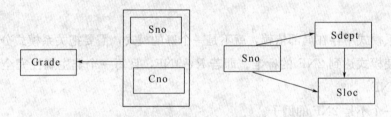

图 4—2　关系模式 SC 与 SL 中属性间的函数依赖

关系模式 SC 的码为（Sno，Cno），关系模式 SL 的码为 Sno，这样就使得非主属性对码都是完全函数依赖了。

二、第三范式

1. 第二范式存在的问题

第二范式虽然解决了第一范式中存在的各种操作会产生异常的问题，而且使每一个非主属性完全函数依赖于码。但是仍然存在非主属性对码的传递函数问题，为了解决这个问题，引入了第三范式。

2. 第三范式的定义

关系模式 $R<U, F>$ 中若不存在这样的码 X，属性组 Y 及非主属性 Z（$Z \nsubseteq Y$）使得 $X \rightarrow Y$，$Y \rightarrow Z$ 成立，$Y \nrightarrow X$，则称 $R<U, F> \in 3NF$。

从以上定义可以推导出，若 $R \in 3NF$，则每一个非主属性既不部分依赖于码也不传递依赖于码。

3. 规范到第三范式

同样，按照投影分解的办法，可以把 SL 关系模式分解为以下两个独立的关系模式：

SD（Sno，Sdept）

DL（Sdept，Sloc）

分解后，SD，DL 均不存在传递依赖。

三、BCNF 范式

1. 第三范式存在的问题

第三范式虽然通过投影分解解决了第二范式中存在的传递依赖的问题，但是分离得并不彻底，还存在主属性对码的部分依赖和传递依赖。基于此，Boyce 与 Codd 提出了比 3NF 更进一步的 BCNF（Boyce-Codd Normal Form），通常认为是修正的第三范式，有时也被称为扩充的第三范式。

2. BCNF 范式的定义

关系模式 $R<U, F>\in 1NF$。若 $X \rightarrow Y$ 且 $Y \nsubseteq Z$ 时 X 必含有码，则 $R<U, F>\in BCNF$。

从以上定义可以得出结论，一个满足 BCNF 的关系模式有：

(1) 所有非主属性对每一个码都是完全函数依赖。

(2) 所有的主属性对每一个不包含它的码，也是完全函数依赖。

(3) 没有任何属性完全函数依赖于非码的任何一组属性。

总的来说，若 $R \in BCNF$，则 $R \in 3NF$；但 $R \in 3NF$，R 未必属于 BCNF。

3. 规范到 BCNF 范式

下面先举一个属于第三范式，但是不属于 BCNF 范式的例子，再讲述如何将其规范到 BCNF。

在关系模式 STJ（S，T，J）中，S 表示学生，T 表示教师，J 表示课程。每一位教师只教一门课。每门课由若干位教师教，某一名学生选定某门课，就确定了一位固定的教师。某名学生选修某个教师的课就确定了所选课的名称：

(S，J) → T

(S，T) → J

T → J

因为没有任何非主属性对码传递依赖或部分依赖，所以 STJ 是 3NF。但 STJ 不是 BCNF 关系，因为 T 是决定因素，而 T 不包含码。

将上述 STJ 关系模式继续分解，分解为 ST（S，T）与 TJ（T，J）可满足 BCNF。

四、多值依赖与第四范式

1. 多值依赖

设 $R(U)$ 是属性集 U 上的一个关系模式。X，Y，Z 是 U 的子集，并且 $Z=U-X-Y$。关系模式 $R(U)$ 中多值依赖 $X\rightarrow\rightarrow Y$ 成立，当且仅当对 $R(U)$ 的任一关系 r，给定的一对 (x,z) 值，有一组 Y 的值，这组值仅仅决定于 x 值而与 z 值无关。

若 $X\rightarrow\rightarrow Y$，而 $Z=\Phi$ 即 Z 为空，则称 $X\rightarrow\rightarrow Y$ 为平凡的多值依赖。否则，称 $X\rightarrow\rightarrow Y$ 为非平凡的多值依赖。

【例 4—5】 有这样一个关系模式 WSC（图书管理员，图书馆号，库存图书号），假设一本图书只能放到一个图书馆中，但是一个图书馆可以有若干管理员，那么对应于一个（图书管理员，库存图书）有一个图书馆号，而实际上，这个图书馆号只与库存图书有关，与管理员无关，这就是多值依赖。

2. 第四范式的定义

关系模式 $R<U,F>\in 1NF$，如果对于 R 的每个非平凡多值依赖 $X\rightarrow\rightarrow Y$（$Y\not\subseteq X$），$X$ 都含有候选码，则 $R<U,F>\in 4NF$。

4NF 就是限制关系模式的属性之间不允许有非平凡且非函数依赖的多值依赖。

第 3 节 模 式 分 解

关系模式分解的方法往往不是唯一的，不同分解方案的差别可能很大，因此在分解时应注意保证分解的正确性，即要保证分解前后的关系等价。关系分解的基本原则有两个：(1) 关系分解后必须是可以无损连接（Lossless Join）的；(2) 分解后的关系要相互独立（Preserve Functional Dependency）。

一、无损连接分解

无损连接是指分解后的关系通过自然连接可以恢复成原来的关系，即通过自然连接得到的关系与原来的关系相比，既不多出信息，又不丢失信息。

设关系模式 $R=A_1,\cdots,A_n$，R 上成立的 FD 集 F，R 的一个分解 $\rho=\{R_1,\cdots,R_k\}$。则无损连接分解的判断步骤如下：

1. 构造一张 k 行 n 列的表格，每列对应一个属性 A_j ($1 \leq j \leq n$)，每行对应一个模式 R_i ($1 \leq i \leq k$)。如果 A_j 在 R_i 中，那么在表格的第 i 行第 j 列处填上符号 a_j，否则填上符号 b_{ij}。

2. 把表格看成模式 R 的一个关系，反复检查 F 中每个 FD 在表格中是否成立。若不成立，则修改表格中的元素。修改方法如下：对于 F 中一个 FD，$X \to Y$，如果表格中有两行在 X 分量上相等，在 Y 分量上不相等，那么把这两行在 Y 分量上改成相等。如果 Y 的分量中有一个是 a_j，那么另一个也改成 a_j；如果没有 a_j，那么用其中的一个 b_{ij} 替换另一个（尽量把 i、j 改成较小的数）。一直到表格不能修改为止。

3. 若在修改的过程中，发现表格中有一行全是 a，即 $a_1, a_2, \cdots, a_n$，那么可立即断定 ρ 相对于 F 是无损连接分解，此时不必再继续修改。若经过多次修改直到表格不能修改之后，发现表格中不存在有一行全是 a 的情况，那么分解就是有损的。特别要注意，这里有个循环反复修改的过程，因为一次修改可能导致表格能继续修改。

修改过程中要特别注意，若某个 b_{ij} 被改动，那么它所在列的所有 b_{ij} 都需要做相应的改动。例如，根据 FD "$H \to I$" "$K \to L$" 修改表格之前的情况，见表 4—2（已经过多次修改，非初始表，空的单元表示省略）。

表 4—2 无损连接 1

	H	I	J	K	L
R_1		b_{12}			b_{35}
R_2	a_1	a_2		a_4	b_{25}
R_3	a_1	b_{12}		a_4	b_{35}
R_4		b_{12}			b_{35}

R_2、R_3 所在行的 H 分量都为 a_1，根据 FD "$H \to I$"，需要修改这两行对应的 I 分量。而 R_2 所在行的 I 分量为 a_2，因此要将 R_3 所在行的 I 分量 b_{12} 修改为 a_2。R_1、R_4 所在行的 H 分量也为 b_{12}，因此这两行对应的 I 分量也必须修改为 a_2。R_2、R_3 所在行的 K 分量都为 a_4，根据 FD "$K \to L$"，需要修改这两行对应的 L 分量，于是将 R_3 所在行的 L 分量 b_{35} 修改为较小的 b_{25}。同时注意到，R_1、R_4 所在行的 L 分量也为 b_{35}，因此这两行对应的 L 分量也必须修改为 b_{25}。修改后的表格见表 4—3。

【例 4—6】 设关系模式 R 为 $R(H, I, J, K, L)$，R 上的一个函数依赖集为 $F = \{H \to J, J \to K, I \to J, JL \to H\}$，分析 $\rho = \{HIL, IKL, IJL\}$ 是否是无损连接的。

根据上述判断方法，列出 ρ [分解成三个关系模式 $R_1(HIL)$、$R_2(IKL)$、$R_3(IJL)$] 的初始表，见表 4—4。

表4—3　　　　　　　　　　　　　　无损连接2

	H	I	J	K	L
R_1		a_2			b_{25}
R_2	a_1	a_2		a_4	b_{25}
R_3	a_1	a_2		a_4	b_{25}
R_4		a_2			b_{25}

表4—4　　　　　　　　　　　　　　ρ 的初始表

	H	I	J	K	L
HIL	a_1	a_2	b_{13}	b_{14}	a_5
IKL	b_{21}	a_2	b_{23}	a_4	a_5
IJL	b_{31}	a_2	a_3	b_{34}	a_5

对于函数依赖集中的 $H \rightarrow J$、$J \rightarrow K$ 对表进行处理,由于属性列 H 和属性列 J 上无相同的元素,所以无法修改。但对于 $I \rightarrow J$ 在属性列 I 上对应的1、2、3行上全为 a_2 元素,所以,将属性列 J 的第一行 b_{13} 和第二行 b_{23} 改为 a_3。修改后见表4—5。

表4—5　　　　　　　　　　　　　　ρ 的中间表

	H	I	J	K	L
HIL	a_1	a_2	a_3	b_{14}	a_5
IKL	b_{21}	a_2	a_3	a_4	a_5
IJL	b_{31}	a_2	a_3	b_{34}	a_5

对于函数依赖集中的 $JL \rightarrow H$ 在属性列 J 和 L 上对应的1、2、3行上为 a_3、a_5 元素,所以将属性列 H 的第二行 b_{21} 和第三行 b_{31} 改为 a_1。修改后见表4—6。

表4—6　　　　　　　　　　　　　　ρ 的结果表

	H	I	J	K	L
HIL	a_1	a_2	a_3	b_{14}	a_5
IKL	a_1	a_2	a_3	a_4	a_5
IJL	a_1	a_2	a_3	b_{34}	a_5

从最后一张表可以看出,第二行为 a_1、a_2、a_3、a_4、a_5,所以分解 ρ 是无损的。

有一种特殊情况要注意,分解后的各个关系模式两两均无公共属性。由于是模式分解，那么任意一个分解后的关系模式覆盖的属性集不可能是分解前的整个全部属性 U，因此初始表中不存在全是 a 的行。而且，分解后的各个关系模式两两均无公共属性，表明任两行在任一列上都没有相同的分量，这导致整个表格无法修改，保持初始状态。而初始状态不存在全是 a 的行，因此这种特殊情况的分解是有损的。

例如，函数依赖集合 FD，将关系模式 $R(ABCDEF)$ 分解成 $R_1(AB)$、$R_2(CDE)$、$R_3(F)$，那么这种分解肯定是有损的。

二、保持函数依赖

函数保持依赖分解是指在模式的分解过程中，函数依赖不能丢失的特性，即模式分解不能破坏原来的语义。

如果 F 上的每一个函数依赖都在其分解后的某一个关系上成立，则这个分解是保持依赖的一个充分条件。如果上述判断失败，并不能断言分解不是保持依赖的，还要使用下面的通用方法来做进一步判断。该算法的表述如下：

对 F 上的每一个 $\alpha \rightarrow \beta$ 使用下面的过程：

result $:= \alpha$；
while(result 发生变化)do
 for each 分解后的 R_i
  $t = ($result $\cap R_i)^+ \cap R_i$
  result $=$ result $\cup t$

这里的属性闭包是在函数依赖集 F 下计算出来的。如果 result 中包含了 β 的所有属性，则函数依赖 $\alpha \rightarrow \beta$。分解保持依赖，当且仅当上述过程中 F 的所有依赖都被保持。

三、模式分解算法

1. 极小函数依赖集

如果函数依赖集 F 满足下列条件，则称 F 为最小函数依赖集或最小覆盖。

（1）F 中的任何一个函数依赖的右部仅含有一个属性。

（2）F 中不存在这样一个函数依赖 $X \rightarrow A$，使得 F 与 $F - \{X \rightarrow A\}$ 等价。

（3）F 中不存在这样一个函数依赖 $X \rightarrow A$，X 有真子集 Z 使得 $F - \{X \rightarrow A\} \cup \{Z \rightarrow A\}$ 与 F 等价。

2. 分解为第三范式

在进行分解前，先理解模式分解的几个重要事实：

第一，若要求分解保持函数依赖，模式分离总可以达到 3NF，不一定能达到 BCNF。

第二，若要求分解既保持函数依赖又具有无损连接性，可以达到 3NF，但不一定能达到 BCNF。

第三，若要求分解具有无损连接性，则一定可以达到 4NF。

接下来介绍三个重要的模式分解算法。

(1)（合成法）转换成 3NF 的保持函数依赖的分解算法。

$\rho = \{R_1<U_1, F_1>, R_2<U_2, F_2>, \cdots, R_k<U_k, F_k>\}$ 是关系模式 $R<U, F>$ 的一个分解，$U = \{A_1, A_2, \cdots, A_n\}$，$F = \{FD_1, FD_2, \cdots, FD_p\}$，并设 F 是一个最小依赖集，记 FD_i 为 $X_i \rightarrow A_{ij}$，其一般步骤如下：

1) 对 $R<U, F>$ 的函数依赖集 F 进行极小化处理（处理后的结果仍记为 F）。

2) 找出不在 F 中出现的属性，将这样的属性构成一个关系模式。把这些属性从 U 中去掉，剩余的属性仍记为 U。

3) 有 $X \rightarrow A \in F$，且 $XA = U$，则 $\rho = \{R\}$，算法终止。

4) 否则，对 F 按具有相同左部的原则分组（假定分为 k 组），每一组函数依赖 F_i' 所涉及的全部属性形成一个属性集 U_i。若 $U_i \subseteq U_j$，$(i \neq j)$，就去掉 U_i。

【例 4—7】 关系模式 $R<U, F>$，其中 $U = \{C, T, H, I, S, G\}$，$F = \{CS \rightarrow G, C \rightarrow T, TH \rightarrow I, HI \rightarrow C, HS \rightarrow I\}$，将其分解成 3NF 并保持函数依赖。

首先计算 F 的最小函数依赖集，如步骤①、②、③所示。

①利用分解规则，将所有的函数依赖变成右边都是单个属性的函数依赖。由于 F 的所有函数依赖的右边都是单个属性，故不用分解。

②去掉 F 中多余的函数依赖。

设 $CS \rightarrow G$ 为冗余的函数依赖，则去掉 $CS \rightarrow G$，得：

$F_1 = \{C \rightarrow T, TH \rightarrow I, HI \rightarrow C, HS \rightarrow I\}$

计算 $(CS)F_1^+$：

设 $X(0) = CS$

计算 $X(1)$：扫描 F_1 中各个函数依赖，找到左部为 CS 或 CS 子集的函数依赖，找到一个 $C \rightarrow T$ 函数依赖。故有 $X(1) = X(0) \cup T = CST$。

计算 $X(2)$：扫描 F_1 中的各个函数依赖，找到左部为 CST 或 CST 子集的函数依赖，没有找到任何函数依赖。故有 $X(2) = X(1)$。算法终止。

$(CS)F_1^+ = CST$ 不包含 G，故 $CS \rightarrow G$ 不是冗余的函数依赖，不能从 F_1 中去掉。

另设 $C \rightarrow T$ 为冗余的函数依赖，则去掉 $C \rightarrow T$，得：

$F_2 = \{CS \rightarrow G, TH \rightarrow I, HI \rightarrow C, HS \rightarrow I\}$

计算 $(C)F_2^+$：

设 $X(0) = C$。

计算 $X(1)$：扫描 F_2 中的各个函数依赖，没有找到左部为 C 的函数依赖。故有 $X(1) = X(0)$。算法终止。故 $C \rightarrow T$ 不是冗余的函数依赖，不能从 F_2 中去掉。

另设 $TH \rightarrow I$ 为冗余的函数依赖，则去掉 $TH \rightarrow I$，得：

$F_3 = \{CS \rightarrow G, C \rightarrow T, HI \rightarrow C, HS \rightarrow I\}$

计算 $(TH)F_3^+$：

设 $X(0) = TH$

计算 $X(1)$：扫描 F_3 中的各个函数依赖，没有找到左部为 TH 或 TH 子集的函数依赖。故有 $X(1) = X(0)$。算法终止。故 $TH \rightarrow I$ 不是冗余的函数依赖，不能从 F_3 中去掉。

另设 $HI \rightarrow C$ 为冗余的函数依赖，则去掉 $HI \rightarrow C$，得：

$F_4 = \{CS \rightarrow G, C \rightarrow T, TH \rightarrow I, HS \rightarrow I\}$

计算 $(HI)F_4^+$：

设 $X(0) = HI$

计算 $X(1)$：扫描 F_4 中的各个函数依赖，没有找到左部为 HI 或 HI 子集的函数依赖。故有 $X(1) = X(0)$。算法终止。故 $HI \rightarrow C$ 不是冗余的函数依赖，不能从 F_4 中去掉。

另设 $HS \rightarrow I$ 为冗余的函数依赖，则去掉 $HS \rightarrow I$，得：

$F_5 = \{CS \rightarrow G, C \rightarrow T, TH \rightarrow I, HI \rightarrow C\}$。

计算 $(HS)F_5^+$：

设 $X(0) = HS$

计算 $X(1)$：扫描 F_5 中的各个函数依赖，没有找到左部为 HS 或 HS 子集的函数依赖。故有 $X(1) = X(0)$。算法终止。故 $HS \rightarrow I$ 不是冗余的函数依赖，不能从 F_5 中去掉。即 $F_5 = \{CS \rightarrow G, C \rightarrow T, TH \rightarrow I, HI \rightarrow C, HS \rightarrow I\}$。

③去掉 F_5 中各函数依赖左边多余的属性（只检查左部不是单个属性的函数依赖）没有发现左边有多余属性的函数依赖。故最小函数依赖集为：

$F = \{CS \rightarrow G, C \rightarrow T, TH \rightarrow I, HI \rightarrow C, HS \rightarrow I\}$

其次，由于 R 中的所有属性均在 F 中出现，所以转下一步。

最后，对 F 按具有相同左部的原则分为：$R_1 = CSG$，$R_2 = CT$，$R_3 = THI$，$R_4 = HIC$，$R_5 = HIS$。

所以 $\rho = \{R_1(CSG), R_2(CT), R_3(THI), R_4(HIC), R_5(HSI)\}$。

(2) 转换成 3NF 的保持无损连接和函数依赖的分解算法。

输入：关系模式 R 和 R 的最小函数依赖集 F。

输出：$R<U, F>$ 的一个分解 $\rho = \{R_1<U_1, F_1>, R_2<U_2, F_2>, \cdots, R_k<U_k,$

$F_k>\}$,R_i 为 3NF,且 ρ 具有无损连接又保持函数依赖的分解。

步骤:

1) 根据算法对关系模式 R 进行求解,设结果为 $\sigma=\{R_1, R_2, \cdots, R_k\}$。

2) X 是 R 的关键字,$\tau=\sigma \cup \{X\}$ 是 R 的一个分解。

3) 求 τ 式的最小集合(当 $R_i \leqslant R_j \in \tau$ 时,消去 R_i)。

【例 4—8】 关系模式 $R<U, F>$,其中:$U=\{C, T, H, I, S, G\}$,$F=\{CS \to G, C \to T, TH \to I, HI \to C, HS \to I\}$,将其分解成 3NF 并保持无损连接和函数依赖。

首先据上面的例解,得到 3NF 并保持函数依赖的分解:

$\sigma=\{R_1(CSG), R_2(CT), R_3(THI), R_4(HIC), R_5(HSI)\}$

而 HS 是原模式的关键字,所以 $\tau=\{CT, CSG, CHR, HSR, HRT, HS\}$。由于 HS 是模式 HSR 的一个子集,所以消去 HS 后的分解 $\{CT, CSG, CHR, HSR, HRT\}$ 就是具有无损连接性和保持函数依赖性的分解,且其中每一个模式均为 3NF。

(3)(分解法)转换成 BCNF 的无损连接解算法。

输入:关系模式 R 和 R 的函数依赖集 F。

输出:$R<U, F>$ 的一个分解 $\rho=\{R_1<U_1, F_1>, R_2<U_2, F_2>, \cdots, R_k<U_k, F_k>\}$,$R_i$ 为 BCNF,且 ρ 具有无损连接的分解。

步骤:

反复运用逐步分解定理,逐步分解关系模式 R,每次分解都具有无损连接性,而且每次分解出来的子关系模式至少有一个是 BCNF 的。即:

1) 令 $\rho=\{R\}$,根据前面算法求出保持函数依赖的分解 $\rho=\{R_1, R_2, \cdots, R_k\}$。

2) 若 ρ 中的所有模式都是 BCNF,转 4)。

3) 若 ρ 中有一个关系模式 R_i 不是 BCNF,则 R_i 中必能找到一个函数依赖 $(X \to A \in F_i^+ CA \notin X)$,且 X 不是 R_i 的候选码。因此,XA 是 U_i 的真子集。对 R_i 进行分解:$\sigma=\{S_1, S_2\}$,$U_{S1}=XA$,$U_{S2}=U_i-\{A\}$,以 σ 代替 $R_i(U_i, F_i)$ 转 2)。

4) 输出 ρ。

【例 4—9】 关系模式 $R<U, F>$,其中:$U=\{C, T, H, I, S, G\}$,$F=\{CS \to G, C \to T, TH \to I, HI \to C, HS \to I\}$,将其分解成 BCNF 并保持无损连接。

首先,令 $\rho=\{R(U, F)\}$。

由于 ρ 中不是所有的模式都是 BCNF,转入下一步。

分解 R:R 上的候选关键字为 HS(因为所有函数依赖的右边没有 HS)。考虑 $CS \to G$ 函数依赖不满足 BCNF 条件(因 CS 不包含候选键 HS),将其分解成 R_1(CSG)、R_2(CTHIS)。计算 R_1 和 R_2 的最小函数依赖集分别为:$F_1=\{CS \to G\}$,$F_2=\{C \to T,$

$TH \to I$,$HI \to C$,$HS \to I$}。

分解 R_2:R_2 上的候选关键字为 HS。考虑 $C \to T$ 函数依赖不满足 BCNF 条件,将其分解成 $R_{21}(CT)$、$R_{22}(CHIS)$。计算 R_{21} 和 R_{22} 的最小函数依赖集分别为:$F_{21} = \{C \to T\}$,$F_{22} = \{CH \to I, HI \to C, HS \to I\}$。其中 $CH \to I$ 是由于 R_{22} 中没有属性 T 且 $C \to T$,$TH \to I$。

分解 R_{22}:R_{22} 上的候选关键字为 HS。考虑 $CH \to I$ 函数依赖不满足 BCNF 条件,将其分解成 $R_{221}(CHI)$、$R_{222}(CHS)$。计算 R_{221} 和 R_{222} 的最小函数依赖集分别为:$F_{221} = \{CH \to I, HI \to C\}$,$F_{222} = \{HS \to C\}$。其中 $HS \to C$ 是由于 R_{222} 中没有属性 I 且 $HS \to I$,$HI \to C$。

由于 R_{221} 上的候选关键字为 H,而 F_{221} 中的所有函数依赖满足 BCNF 条件。由于 R_{222} 上的候选关键字为 HS,而 F_{222} 中的所有函数依赖满足 BCNF 条件。故 R 可以分解为无损连接性的 BCNF,如 $\rho = \{R_1(CSG), R_{21}(CT), R_{221}(CHI), R_{222}(CHS)\}$。

随着关系规范化程度的提高,操作异常问题会得到解决,数据冗余会得到有效控制,但是带来的另一个问题是关系模式的数量会增多。原来在单个或较少关系模式上执行的操作,关系规范化后就可能要在多个关系模式上进行,这就使检索数据的速度大大降低。

第 5 章

数据库设计

第 1 节　数据库设计概述　　　　　　　　　/90
第 2 节　数据库概念设计　　　　　　　　　/93
第 3 节　数据库逻辑设计　　　　　　　　　/100
第 4 节　数据库物理设计　　　　　　　　　/105
第 5 节　数据库的实施与运行维护　　　　　/108

数据库设计（Database Design）是建立数据库及其应用系统的关键，是信息系统开发和建设中的核心技术。本章主要结合软件工程的方法介绍数据库系统设计过程中的概念设计、逻辑设计和物理设计等内容。

第1节 数据库设计概述

数据库设计是指对于一个给定的应用环境，构造最优的数据库模式，建立数据库及其应用系统，使之能够有效地存储数据，满足用户的各种应用需求（信息要求和处理要求）。

一、数据库设计的任务和特点

1. 数据库设计的任务

在数据库领域内，常常把使用数据库的系统统称为数据库应用系统。数据库设计要与数据库应用系统设计相结合。即数据库设计包括两个方面：结构特性的设计与行为特性的设计。

结构特性的设计就是数据库框架和数据库结构设计。其结果是得到一个合理的数据模型，以反映真实的事务间的联系；目的是汇总各用户的视图，尽量减少冗余，实现数据共享。结构特性是静态的，一旦成形之后，通常不再变动。行为特性设计是指应用程序设计，如查询、报表处理等。它确定用户的行为和动作。用户通过一定的行为与动作存取数据库和处理数据。行为特性现在多由面向对象的程序给出用户操作界面。

从使用方便和改善性能的角度来看，结构特性必须适应行为特性。数据库模式是各应用程序共享的结构，是稳定的、永久的结构。数据库模式也正是考察用户的操作行为和涉及的数据处理进行汇总和提炼出来的，因此数据库结构设计是否合理，直接影响到系统各个处理过程的性能和质量，这也使得结构设计成为数据库设计方法和设计理论关注的焦点，所以数据库结构设计与行为设计要相互参照，它们组成统一的数据库工程。

2. 数据库设计的特点

数据库是信息系统的核心和基础，它不仅把信息系统中大量的数据按一定的模型组织起来，提供存储、维护数据的功能，同时信息系统还提供检索数据的功能，可以方便、及时、准确地从数据库中获得所需的信息。

建立一个数据库应用系统需要根据用户需求、数据处理规模、系统的性能指标等方面来选择合适的软、硬件配置，选定数据库管理系统，组织开发人员完成整个应用系统的设计。所以说，数据库设计是硬件、软件、管理等的结合，这是数据库设计的一个重要特点。

能否把信息系统的各个部分紧密地结合在一起，是否具有数据库的基本知识和数据库设计技术，是否掌握计算机科学的基础知识和程序设计的方法、技巧以及软件工程知识，都会影响数据库的设计。"三分技术，七分管理，十二分基础数据"，是数据库设计的特点。

二、数据库设计的方法

运用软件工程的思想方法进行数据库设计，用到的规范化设计方法如下：
1. 新奥尔良方法（New Orleans）：需求分析、概念设计、逻辑设计、物理设计。
2. 基于E—R模型的方法。
3. 基于关系模式的设计方法。
4. 基于3NF的设计方法。
5. 计算机辅助数据库设计方法。

一般来讲，以新奥尔良方法为基础，基于E—R模型和关系模式，利用计算机辅助进行数据库设计。

三、数据库设计的步骤

按照规范设计的方法，同时考虑到数据库开发的生命周期，可以将数据库设计分为6个阶段，如图5—1所示。

1. 需求分析

调查和分析用户的业务活动和数据的使用情况，厘清所用数据的种类、范围、数量以及它们在业务活动中交流的情况，确定用户对数据库系统的使用要求和各种约束条件等，形成用户需求规范。准确了解与分析用户需求（包括数据与处理）是整个设计过程的基础，是最困难、最耗费时间的一步。

2. 概念设计

对用户要求描述的现实世界，通过对其进行分类、聚集和概括，建立抽象的概念数据模型。这个概念模型应反映现实世界各部门的信息结构、信息流动情况、信息间的互相制约关系以及各部门对信息储存、查询和加工的要求等。所建立的模型应避开数据库在计算机上的具体实现细节，用一种抽象的形式表示出来。

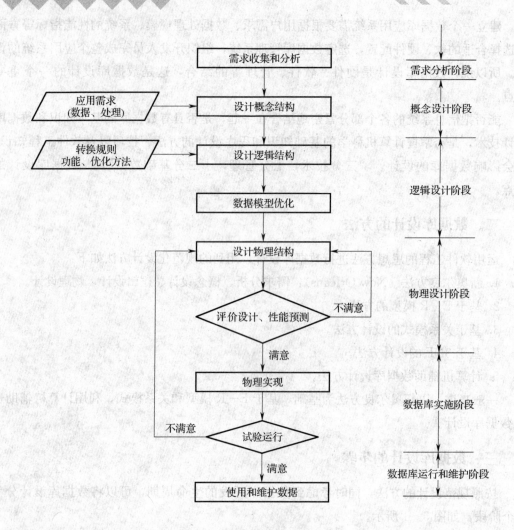

图 5—1 数据库设计的一般步骤

以扩充的实体—联系（E—R 模型）模型方法为例，第一步先明确现实世界各部门所含的各种实体及其属性、实体间的联系以及对信息的制约条件等，从而给出各部门内所用信息的局部描述（在数据库中称为用户的局部视图）。第二步再将得到的多个用户的局部视图集成为一个全局视图，即用户要描述的现实世界的概念数据模型。

整个数据库设计的关键，是通过对用户需求进行综合、归纳与抽象，形成一个独立于具体 DBMS 的概念模型。

3. **逻辑设计**

主要工作是将现实世界的概念数据模型设计成数据库的一种逻辑模式，即适应于某种特定数据库管理系统所支持的逻辑数据模式。与此同时，可能还须为各种数据处理应用领域产生相应的逻辑子模式。这一步设计的结果就是逻辑数据库。

4. 物理设计

物理设计阶段的目标，是从一个满足用户信息要求的已确定的逻辑模型出发，设计一个在限定的软件、硬件条件和应用环境下可实现的、运行效率高的物理数据库结构。如选择数据库文件的存储结构、索引的选择、分配存储空间以形成数据库的内模式。

5. 数据库实施

运用 DBMS 提供的数据语言、工具及宿主语言，根据逻辑设计和物理设计的结果建立数据库，编制与调试应用程序，组织数据入库并试运行。

6. 数据库运行维护

数据库应用系统经过试运行后即可投入正式运行。在数据库系统运行过程中必须不断地对其进行评价、调整与修改。

第 2 节　数据库概念设计

将需求分析得到的用户需求抽象为信息结构（概念模型）的过程即概念设计。概念结构是各种数据模型的共同基础，它比数据模型更独立于机器、更抽象，从而更加稳定。E—R模型是描述概念模型的工具。概念设计是整个数据库设计的关键。

一、概念设计的特点与方法

1. 概念设计的特点

（1）能真实、充分地反映现实世界，包括事务和事务之间的联系，能满足用户对数据的处理要求，是现实世界的一个真实模型。

（2）易于理解。从而可以用它和不熟悉计算机的用户交换意见，用户的积极参与是数据库设计成功的关键。

（3）易于更改。当应用环境和应用要求改变时，容易对概念模型修改和扩充。

（4）易于向关系、网状、层次等各种数据模型转换。

2. 概念设计的方法（见表5—1）

表5—1　　　　　　　　　　　概念设计的方法

方法	说明	图示
自顶向下	自顶向下是首先定义全局概念结构的框架，然后再逐步进行细化	
自底向上	自底向上，即首先定义各局部应用的概念结构，然后再将它们集成起来，进而得到全局概念结构	
逐步扩张	逐步扩张，即首先定义最重要的核心概念结构，然后向外扩充，以滚雪球的方式逐步生成其他概念结构，直至最终形成全局概念结构	
混合策略	将自顶向下和自底向上相结合，用自顶向下设计一个全局概念结构的框架，以其为骨架集成由自底向上设计的各局部概念结构	—

二、概念设计的步骤与抽象方法

1. 概念设计的步骤

第一步，根据需求分析的结果（数据流图、数据字典等）对现实世界的数据进行抽象，设计各个局部视图即分 E—R 图。标定局部应用中的实体、实体的属性、标识实体的码，确定实体之间的联系及其类型（1∶1、1∶n、m∶n）。

第二步，集成局部视图即设计全局 E—R 图。集成局部 E—R 图时都需要两步：一是合并；二是修改与重构。合理消除各分 E—R 图的冲突时合并的主要工作和关键所在。各分 E—R 图之间的冲突主要有 3 类：属性冲突、命名冲突和结构冲突。应分别采取不同的方法加以解决。

概念设计的步骤如图 5—2 所示。

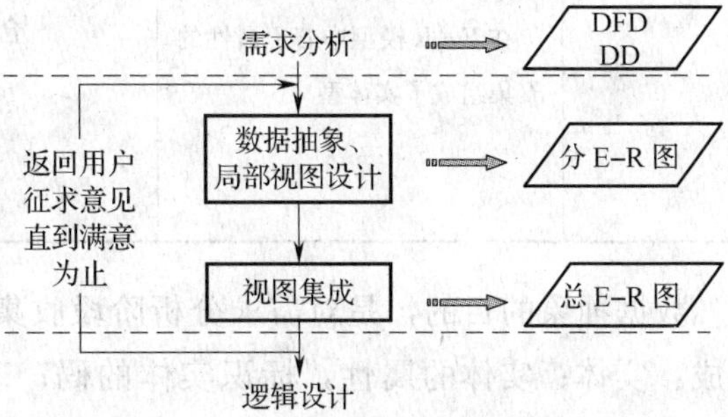

图 5—2 概念设计的步骤

2. 形成概念结构的抽象方法

概念结构是对现实世界的一种抽象，从实际的人、物、事和概念中抽取所关心的共同特性，忽略非本质的细节，把这些特性用各种概念精确地加以描述，这些概念组成了某种模型，即抽象。一般有表 5—2 中的 3 种抽象方法。

表 5—2　　　　　　　　　　形成概念结构的抽象方法

方法	说明	图示
数据抽象	定义某一类概念作为现实世界中一组对象的类型。这些对象具有某些共同的特性和行为。它抽象了对象值和型之间的"is member of"的语义，在 E—R 图中，实体型就是这种抽象	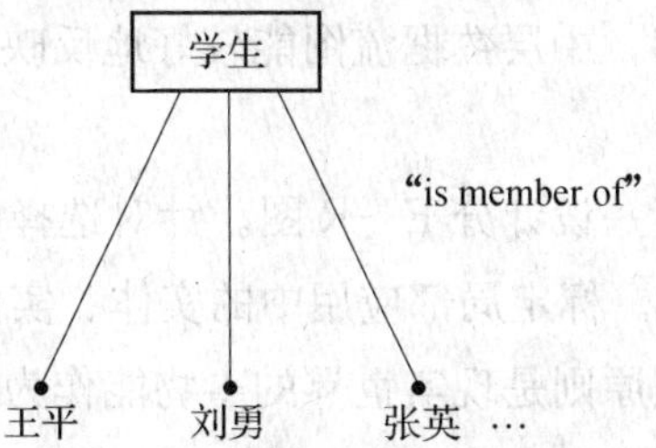 学生 — 王平、刘勇、张英… "is member of"
一般化	定义类型之间的一种子集联系。它抽象了类型之间的"is subset of"的语义	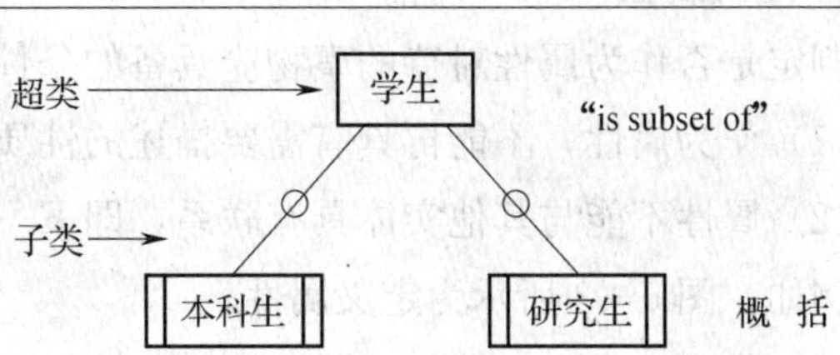 超类→学生；子类→本科生、研究生　"is subset of"　概括

方法	说明	图示
聚集	定义某一类型的组成成分。它抽象了对象内部类型和成分之间"is part of"的语义 在E—R模型中若干属性的聚集组成了实体型	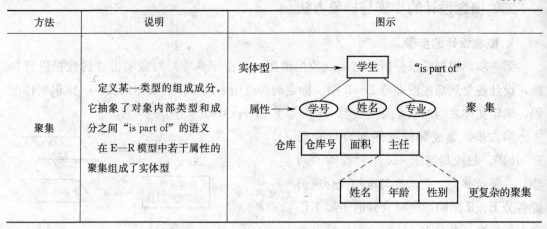

数据抽象的目的,是对需求分析阶段收集到的数据进行分类、组织(聚集),从而形成:实体;实体的属性,标识实体的码;确定实体之间的联系类型($1:1$,$1:n$,$m:n$)。

三、设计局部概念模式

1. 确定范围

(1) 选择局部应用。设计分 E—R 图,首先需要根据系统的具体情况,在多层的数据流图中选择一个适当层次的数据流图,让这组图中每一部分对应一个局部应用,然后以这一层次的数据流图为出发点,设计分 E—R 图。

通常以中层数据流图作为设计分 E—R 图的依据。原因如下:高层数据流图只能反映系统的概貌;中层数据流图能较好地反映系统中各局部应用的子系统组成;低层数据流图过细。

(2) 逐一设计分 E—R 图。针对选择的局部应用中的数据流图、数据字典(数据)设计 E—R 图。标定局部应用中的实体、实体属性、实体码以及实体间联系。在设计过程中遵循的一条原则是现实世界的事物能作为属性对待的,尽量作为属性对待。

2. 定义属性

判定是否作为属性对待的事物应具备的条件(两条准则):

(1) 作为属性,不能再具有需要描述的性质。属性是必须不可分的数据项。

(2) 属性不能与其他实体具有联系,即 E—R 图中所表示的联系是实体之间的联系。

例如,图 5—3 所示为定义属性。

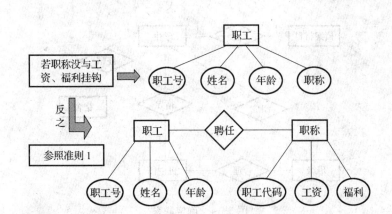

图 5—3 定义属性

3. 设计分 E—R 图

以数据字典为出发点定义 E—R 图：数据字典中的数据结构、数据流和数据存储等已是若干属性的有意义的聚合。按上面给出的准则进行必要的调整。

【例 5—1】 学籍管理局部应用中主要涉及的实体包括学生、宿舍、档案材料、班级、班主任。

分析：一个宿舍可以住多个学生，而一个学生只能住在某一个宿舍中，因此宿舍与学生之间是 $1:n$ 的联系。

一个班级往往有若干名学生，而一个学生只能属于一个班级，因此班级与学生之间也是 $1:n$ 的联系。

班主任同时还要教课，班主任与学生之间存在指导联系，一个班主任要教多名学生，而一个学生只对应一个班主任，因此班主任与学生之间也是 $1:n$ 的联系。

学生和自己的档案材料之间，班级与班主任之间都是 $1:1$ 的联系。

因此实体的属性有：

学生：{学号，姓名，性别，年龄}

档案材料：{档案号，……}

班级：{班级号，学生人数}

班主任：{职工号，姓名，性别}

宿舍：{宿舍编号，地址，人数}

进而得出分 E—R 图如图 5—4 所示。

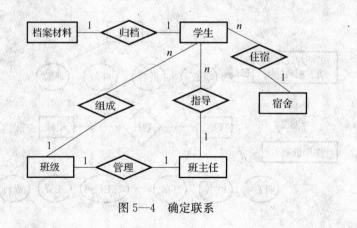

图 5—4　确定联系

四、概念模式汇总

1. 模式汇总的两种方式

各子系统的分 E—R 图设计好之后，就需要将所有分 E—R 图综合成一个系统的总 E—R 图。一般来说视图集成有两种方式：多个 E—R 图一次集成和两两累加、逐步集成。

2. 视图集成的两个步骤

（1）合并。合并主要是为了解决冲突，生成初步 E—R 图（见图 5—5）。

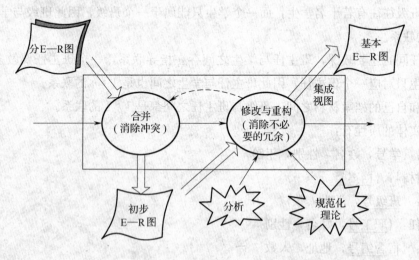

图 5—5　合并分 E—R 图

（2）消除冲突。生成初步 E—R 图（见图 5—6）。

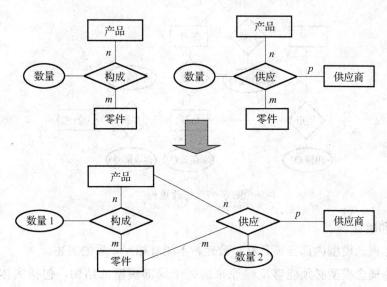

图 5—6 合并、消除冲突示意

各个分 E—R 图之间的冲突主要有 3 类，见表 5—3。

表 5—3　　　　　　　　　　　分 E—R 图之间的冲突

分类	说明
属性冲突	属性域冲突，即属性值的类型、取值范围不同 属性取值单位冲突
命名冲突	同名异义，即不同意义的对象在不同的局部应用中具有相同的名字 异名同义（一义多名）即同一意义的对象在不同的局部应用中具有不同的名字
结构冲突	同一对象在不同的应用中具有不同的抽象，譬如职称在此局部应用中是实体，而在彼局部应用是属性 同一实体在不同分 E—R 图中所包含的属性个数和属性排列次序不完全相同 实体间的联系在不同的分 E—R 图中为不同的类型

3. 修改重构

（1）消除冗余，设计基本 E—R 图。初步 E—R 图中存在的冗余包括：冗余的数据，可由基本数据导出的数据，冗余的联系，可由其他联系导出的联系。

（2）消除冗余的方法。以数据字典和数据流图为依据，根据数据字典中关于数据项之间逻辑关系的说明来消除冗余。

如图 5—7 所示，$Q_3=Q_1\times Q_2$，$Q_4=\sum Q_5$，所以 Q_3 和 Q_4 是冗余数据，可以消去。并且由于 Q_3 消去，产品与材料间 $M:N$ 的冗余联系也消去。

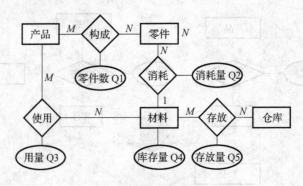

图 5—7 修改重构

4. 审核和验证

（1）整体概念模型内部必须具有一致性，不能有相互矛盾的表述。

（2）整体概念模型必须能够反映原来的每个局部模型的结构，包括实体、属性和联系等。

（3）整体概念模型必须能够满足需求分析阶段确定的所有要求。

概念模型的设计结果要向用户进行演示和解释，听取用户的意见，检查由此设计的数据库是否可以提供用户所需要的全部信息。经过反复评审、修改和优化，最后确定下来，从而完成概念模型设计。

该阶段的最终结果是整体的概念模型，但在此之前，反映局部概念模型的分 E—R 图也应该统一归档，以备逻辑设计参考（如设计视图，设计访问权限等）。

第3节 数据库逻辑设计

概念设计是独立于任何一种数据模型的信息结构。逻辑设计则是把概念设计阶段完成的基本 E—R，转换为与选用 DBMS 产品所支持的数据模型相符合的逻辑结构。

一、E—R 图到关系模型的转换原则

E—R 图由实体、实体的属性和实体之间的联系 3 个要素组成。关系模型的逻辑结构是一组关系模式的集合。将 E—R 图转换为关系模型，就是将实体、实体的属性和实体之间的联系转化为关系模式。

E—R 图向关系模型的转换要解决的问题是，如何将实体型和实体间的联系转换为关

系模式,以及如何确定这些关系模式的属性和码。

(1) 一个实体型转换为一个关系模式(见图 5—8)。

关系的属性是实体型的属性。

关系的码是实体型的码。

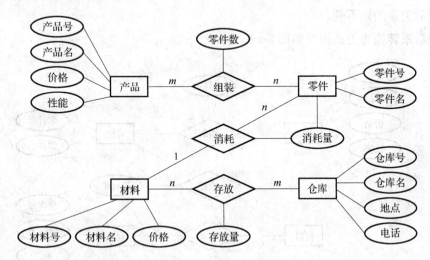

产品(产品号,产品名,性能,价格)　零件(零件号,零件名)
材料(材料号,材料名,价格) 仓库(仓库号,仓库名,地点,电话)

图 5—8　实体转换为关系模型

(2) 一个 $m:n$ 联系转换为一个独立的关系模式。

关系的属性是与该联系相连的各实体的码以及联系本身的属性。

关系的码是各实体码的组合。

(3) 一个 $1:n$ 联系可以转换为一个独立的关系模式,也可以与 n 端对应的关系模式合并。

1) 转换为一个独立的关系模式。

关系的属性是与该联系相连的各实体的码以及联系本身的属性。

关系的码是 n 端实体的码。

2) 与 n 端对应的关系模式合并。

合并后关系的属性是在 n 端关系中加入 1 端关系的码和联系本身的属性。

合并后关系的码是不变,可以转换为一个独立的关系模式,也可以与 n 端对应。

可以减少系统中的关系个数,一般情况下更倾向于采用这种方法。

(4) 一个 $1:1$ 联系可以转换为一个独立的关系模式,也可以与任意一端对应的关系模式合并。

1) 转换为一个独立的关系模式。

关系的属性是与该联系相连的各实体的码以及联系本身的属性。

关系的候选码是每个实体的码。

2）与某一端对应的关系模式合并。

合并后关系的属性是加入对应关系的码和联系本身的属性。

合并后关系的码不变。

多种联系转换为关系模型如图5—9所示。

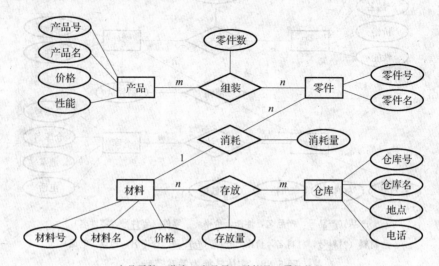

产品零件一览表（<u>产品号，零件号</u>，零件数量）

材料存放表（<u>材料号，仓库号</u>，存放量）

零件用料表（<u>零件号，材料号</u>，消耗量）

图5—9　多种联系转换为关系模型

（5）三个或三个以上实体间的一个多元联系转换为一个关系模式。

关系的属性是与该多元联系相连的各实体的码以及联系本身的属性。

关系的码是各实体码的组合。

【例5—2】存在于三个实体之间的联系（见图5—10）。

（6）同一实体集的实体间的联系即自联系，也可按上述1∶1、1∶n和m∶n 3种情况分别处理。

（7）具有相同码的关系模式可合并。关系模式合并是为了减少系统中的关系个数。合并方法是将其中一个关系模式的全部属性加入另一个关系模式中，然后去掉其中的同义属性（可能同名也可能不同名），并适当调整属性的次序。

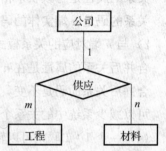

供应（公司名，工程号，材料名）

图5—10　三个实体间联系的转换

二、关系模型的优化

1. 优化的目的

数据库逻辑设计的结果不是唯一的。得到初步数据模型后，还应该适当地修改、调整数据模型的结构，以进一步提高数据库应用系统的性能。关系数据模型的优化通常以规范化理论为指导。

2. 确定数据依赖

按需求分析阶段所得到的语义，分别写出每个关系模式内部各属性之间的数据依赖以及不同关系模式属性之间的数据依赖。

【例5—3】 课程关系模式内部存在下列数据依赖：

课程号→课程名

课程号→学分

课程号→教室号

选修关系模式中存在下列数据依赖：

（学号，课程号）→成绩

学生关系模式中存在下列数据依赖：

学号→姓名

学号→性别

学号→出生日期

学号→所在系

学号→年级

学号→班级号

学号→平均成绩

学号→档案号

（1）对于各个关系模式之间的数据依赖进行极小化处理，消除冗余的联系。

（2）按照数据依赖的理论对关系模式逐一进行分析，考查是否存在部分函数依赖、传递函数依赖、多值依赖等，确定各关系模式分别属于什么范式。例如经过分析可知，课程关系模式属于BCNF范式。

（3）按照需求分析阶段得到的各种应用对数据处理的要求，分析对于这样的应用环境这些模式是否合适，确定是否要对它们进行合并或分解，以提高数据操作的效率和存储空间的利用率。

3. 水平分解和垂直分解

（1）水平分解。把（基本）关系的元组分为若干子集合，定义每个子集合为一个子关系，以提高系统的效率。水平分解的适用范围如下：

1）满足"80/20 原则"的应用。一个大关系中，经常被使用的数据只是关系的一部分，约 20%。把经常使用的这些数据分解出来，形成一个子关系，可以减少查询的数据量。

2）并发事务经常存取不相交的数据。如果关系 R 上具有 n 个事务，而且多数事务存取的数据不相交，则 R 可分解为少于或等于 n 个子关系，使每个事务存取的数据对应一个关系。

（2）垂直分解。把关系模式 R 的属性分解为若干子集合，形成若干子关系模式。垂直分解的原则是，经常在一起使用的属性从 R 中分解出来形成一个子关系模式。

垂直分解可以提高某些事务的效率，但也可能使另一些事务不得不执行连接操作，从而降低了效率。

三、设计用户子模式

1. 设计思想

用户子模式即外模式，是模式的子集，是数据库用户能够看见和使用的局部数据的逻辑结构和特征的描述，是数据库用户的数据视图，是与某一应用有关的数据的逻辑表示。可以利用视图设计更符合局部用户需要的外模式。

2. 设计方法

（1）使用更符合用户习惯的别名

【例 5—4】　负责学籍管理的用户习惯于称教师模式的职工号为教师编号。因此可以定义视图，在视图中职工号重定义为教师编号。

（2）针对不同级别用户定义不同的外模式，以满足系统对安全性的要求。

【例 5—5】　教师关系模式中包括职工号、姓名、性别、出生日期、婚姻状况、学历、学位、政治面貌、职称、职务、工资、工龄、教学效果等属性。学籍管理应用只能查询教师的职工号、姓名、性别、职称数据；课程管理应用只能查询教师的职工号、姓名、性别、学历、学位、职称、教学效果数据；教师管理应用则可以查询教师的全部数据。

定义两个外模式：

教师_学籍管理（职工号，姓名，性别，职称）

教师_课程管理（工号，姓名，性别，学历，学位，职称，教学效果）

授权学籍管理应用只能访问教师_学籍管理视图

授权课程管理应用只能访问教师_课程管理视图
授权教师管理应用能访问教师表
（3）简化用户对系统的使用。如果某些局部应用中经常要使用某些很复杂的查询，为了方便用户，可以将这些复杂查询定义为视图。

第4节 数据库物理设计

数据库在物理设备上的存储结构与存取方法称为数据库的物理结构，它依赖于给定的计算机系统。为一个给定的逻辑数据模型选取一个最适合应用环境的物理结构的过程就是数据库的物理设计。

一、物理设计的内容和方法

1. 数据库物理设计的步骤

（1）设计物理数据库结构的准备工作
1）充分了解应用环境，详细分析要运行的事务，以获得选择物理数据库设计所需参数。
2）充分了解所用 RDBMS 的内部特征，特别是系统提供的存取方法和存储结构。
（2）设计的步骤（见图5—11）
1）确定数据库的物理结构。

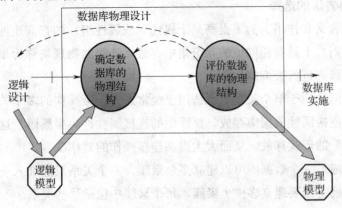

图 5—11 数据库物理设计的步骤

2）对物理结构进行评价，评价的重点是时间和空间效率。

3）如果评价结果满足原设计要求则可进入物理实施阶段，否则就需要重新设计或修改物理结构，有时甚至要返回逻辑设计阶段修改数据模型。

2．设计内容

关系数据库物理设计的内容如下：为关系模式选择存取方法（建立存取路径）；设计关系、索引等数据库文件的物理存储结构。

数据库系统是多用户共享的系统，对同一个关系要建立多条存取路径才能满足多用户的多种应用要求。物理设计的第一个任务就是要确定选择哪些存取方法，即建立哪些存取路径。

二、选择模式存取方法

1．索引存取方法的选择

所谓选择索引存取方法实际上就是根据应用要求确定对关系的哪些属性列建立索引、哪些属性列建立组合索引、哪些索引要设计为唯一索引等。一般来说：

（1）如果一个（或一组）属性经常在查询条件中出现，则考虑在这个（或这组）属性上建立索引（或组合索引）。

（2）如果一个属性经常作为最大值和最小值等聚集函数的参数，则考虑在这个属性上建立索引。

（3）如果一个（或一组）属性经常在连接操作的连接条件中出现，则考虑在这个（或这组）属性上建立索引。

索引数并不是越多越好，系统为维护索引要付出代价，查找索引也要付出代价。

2．聚簇索引方法的选择

（1）聚簇的含义和作用。为了提高某个属性（或属性组）的查询速度，把这个或这些属性（称为聚簇码）上具有相同值的元组集中存放在连续的物理块称为聚簇。聚簇功能可以大大提高按聚簇码进行查询的效率。

聚簇功能不但适用于单个关系，也适用于经常进行连接操作的多个关系。即把多个连接关系的元组按连接属性值聚集存放，聚簇中的连接属性称为聚簇码。这就相当于把多个关系按"预连接"的形式存放，从而大大提高连接操作的效率。

（2）聚簇实施。一个数据库可以建立多个聚簇，一个关系只能加入一个聚簇。选择聚簇存取方法，即确定需要建立多少个聚簇，每个聚簇中包括哪些关系。

1）先设计候选聚簇，一般来说：

①对经常在一起进行连接操作的关系可以建立聚簇。

②如果一个关系的一组属性经常出现在相等比较条件中,则该单个关系可建立聚簇。

③如果一个关系的一个(或一组)属性上的值重复率很高,则此单个关系可建立聚簇。即对应每个聚簇码值的平均元组数不会太少。太少了,聚簇的效果不明显。

2)然后检查候选聚簇中的关系,取消其中不必要的关系:

①从聚簇中删除经常进行全表扫描的关系。

②从聚簇中删除更新操作远多于连接操作的关系。

③不同的聚簇中可能包含相同的关系,一个关系可以在某一个聚簇中,但不能同时加入多个聚簇。要从这多个聚簇方案(包括不建立聚簇)中选择一个较优的,即在这个聚簇上运行各种事务的总代价最小。

(3)注意事项。聚簇只能提高某些应用的性能,而且建立与维护聚簇的代价是相当大的。对已有关系建立聚簇,将导致关系中元组移动其物理存储位置,并使此关系上原有的索引无效,必须重建。当一个元组的聚簇码值改变时,该元组的存储位置也要做相应移动,聚簇码值要相对稳定,以减少修改聚簇码值所引起的维护开销。

因此,当通过聚簇码进行访问或连接是该关系的主要应用,与聚簇码无关的其他访问很少或者是次要的,这时可以使用聚簇。尤其当 SQL 语句中包含有与聚簇码有关的 ORDER BY、GROUP BY、UNION、DISTINCT 等子句或短语时,使用聚簇特别有利,可以省去对结果集的排序操作;否则很可能会适得其反。

3. HASH 存取方法的选择

有些数据库管理系统提供了 HASH 存取方法。这里简要介绍选择 HASH 存取方法的规则。

如果一个关系的属性主要出现在等连接条件中或主要出现在相等比较选择条件中,而且满足下列两个条件之一,则此关系可以选择 HASH 存取方法:

(1)如果一个关系的大小可预知,而且不变。

(2)如果关系的大小动态改变,而且数据库管理系统提供了动态 HASH 存取方法。

三、确定数据库的物理结构

确定数据库物理结构主要指确定数据的存放位置和存储结构,包括确定关系、索引、聚簇、日志、备份等的存储安排和存储结构,确定系统配置等。

1. 确定数据的存放位置

【例 5—6】 数据库数据备份、日志文件备份等由于只在故障恢复时才使用,而且数据量很大,可以考虑存放在磁带上。如果计算机有多个磁盘,可以考虑将表和索引分别放在不同的磁盘上,在查询时,由于两个磁盘驱动器分别在工作,因而可以保证物理读写速度比较快。

2. 确定系统配置

系统都为这些变量赋予了合理的默认值,但是这些值不一定适合每一种应用环境。在进行物理设计时,需要根据应用环境确定这些参数值,以使系统性能最优。

在物理设计时对系统配置变量的调整只是初步的,在系统运行时还要根据系统实际运行情况做进一步的调整,以期切实改进系统性能。应用需求有如下3点:存取时间,存储空间利用率,维护代价。

这三个方面常常又是相互矛盾的。比如,消除一切冗余数据虽然能够节约存储空间和减少维护代价,但往往会导致检索代价的增加。

DBMS产品一般都提供了一些系统配置变量,具体如下:

(1) 同时使用数据库的用户数。

(2) 同时打开的数据库对象数。

(3) 使用的缓冲区长度、个数。

(4) 时间片大小。

(5) 数据库的大小。

(6) 装填因子。

(7) 锁的数目。

3. 评价物理结构

对数据库物理设计过程中产生的多种方案进行细致的评价,从中选择一个较优的方案作为数据库的物理结构,定量估算各种方案,考虑存储空间、存取时间、维护代价等因素,对估算结果进行权衡、比较,选择出一个较优且合理的物理结构。如果该结构不符合用户需求,则需要修改设计。

第5节 数据库的实施与运行维护

一、数据库实施

图5—12所示是数据库实施在数据库各设计阶段中的位置。

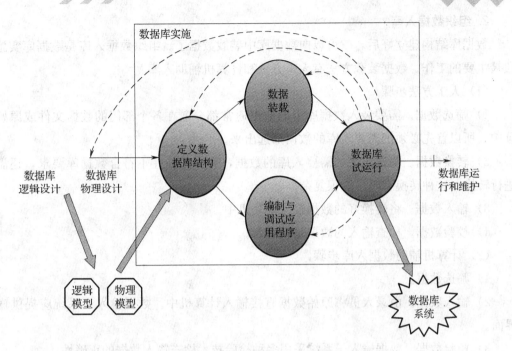

图 5—12　数据库实施在数据库各设计阶段中的位置

1. 定义数据库结构

确定了数据库的逻辑结构与物理结构后,就可以用所选用的 DBMS 提供的数据定义语言(DDL)来严格描述数据库结构。

【例 5—7】　用 SQL 语句定义表结构。

CREATE TABLE 学生(学号 CHAR(8),

……………

);

CREATE TABLE 课程(

……………

);

【例 5—8】　用 SQL 语句定义视图。

CREATE VIEW…(

……………

);

如果需要使用聚簇,在建基本表之前,应先用 CREATE CLUSTER 语句定义聚簇。

2. 组织数据入库

数据库结构建立好后，就可以向数据库中装载数据了。组织数据入库是数据库实施阶段最主要的工作。数据装载方法有人工方法和计算机辅助入库。

（1）人工方法步骤

1）筛选数据。需要装入数据库中的数据通常都分散在各个部门的数据文件或原始凭证中，所以首先必须把需要入库的数据筛选出来。

2）转换数据。筛选出来的需要入库的数据，其格式往往不符合数据库要求，还需要进行转换。这种转换有时可能很复杂。

3）输入数据。将转换好的数据输入计算机中。

4）校验数据。检查输入的数据是否有误。

（2）计算机辅助数据入库步骤

1）筛选数据。

2）输入数据。由录入员将原始数据直接输入计算机中。数据输入子系统应提供输入界面。

3）校验数据。数据输入子系统采用多种检验技术检查输入数据的正确性。

4）转换数据。数据输入子系统时，根据数据库系统的要求，从录入的数据中抽取有用成分，对其进行分类，然后转换数据格式。抽取、分类和转换数据是数据输入子系统的主要工作，也是数据输入子系统的复杂性所在。

5）综合数据。数据输入子系统对转换好的数据根据系统的要求进一步综合成最终数据。

3. 应用程序的调试

数据库应用程序的设计应该与数据设计并行进行。

在数据库实施阶段，当数据库结构建立好后，就可以开始编制与调试数据库的应用程序。调试应用程序时由于数据尚未入库，可先使用模拟数据。应用程序调试完成，并且已有一小部分数据入库后，就可以开始数据库的试运行。

4. 试运行

（1）试运行需要的调试。数据库试运行需要进行联合测试。

1）功能测试。实际运行应用程序，执行对数据库的各种操作，测试应用程序的各种功能。

2）性能测试。测量系统的性能指标，分析是否符合设计目标。

（2）数据库试运行的注意事项

1）数据库性能指标的测量。数据库物理设计阶段在评价数据库结构估算时间、空间指标时，作了许多简化和假设，忽略了许多次要因素，因此结果必然很粗糙。

数据库试运行则是要实际测量系统的各种性能指标（不仅是时间、空间指标），如果结果不符合设计目标，则需要返回物理设计阶段，调整物理结构，修改参数；有时甚至需要返回逻辑设计阶段，调整逻辑结构。

2）数据的分期入库。重新设计物理结构甚至逻辑结构，会导致数据重新入库。

由于数据入库工作量实在太大，所以可以采用分期输入数据的方法。先输入小批量数据供先期联合调试使用，待试运行基本合格后再输入大批量数据，逐步增加数据量，进而完成运行评价。

3）数据库的转储和恢复。在数据库试运行阶段，系统还不稳定，硬、软件故障随时都可能发生。系统的操作人员对新系统还不熟悉，误操作也不可避免。因此必须做好数据库的转储和恢复工作，尽量减少对数据库的破坏。

二、数据库运行维护

在数据库运行阶段，对数据库经常性的维护工作主要是由 DBA 完成的。

1. 数据库的转储和恢复

数据库的转储和恢复是系统正式运行后最重要的维护工作之一。DBA 要针对不同的应用要求制订不同的转储计划，定期对数据库和日志文件进行备份，以保证一旦发生故障，能利用数据库备份及日志文件备份，尽快将数据库恢复到某种一致性状态，并尽可能减少对数据库的破坏。

2. 数据库的安全性和完整性

数据库安全性包含两层含义：第一层是指系统运行安全，第二层是指系统信息安全。数据库系统的安全性主要是针对数据而言的，包括数据独立性、数据安全性、数据完整性、并发控制、故障恢复等几个方面。

数据完整性包括数据的正确性、有效性和一致性。正确性是指数据的输入值与数据表对应域的类型一样；有效性是指数据库中的理论数值满足现实应用中对该数值段的约束；一致性是指不同用户使用的同一数据应该是一样的。保证数据的完整性，需要防止合法用户使用数据库时向数据库中加入不合语义的数据。

3. 数据库性能的监督、分析和改造

在数据库运行过程中，监督系统运行，对监测数据进行分析，找出改进系统性能的方法是 DBA 的又一项重要任务。许多 DBMS 提供了监测系统性能参数的工具，DBA 可以利用这些工具方便地得到系统运行过程中一系列性能参数的值。DBA 应仔细分析这些数据，判断当前系统运行状况是否是最佳，应当做哪些改进。

4. 数据库的重组织与重构

数据库运行一段时间后，由于记录的不断增、删、改，会使数据库的物理存储变坏，从而降低数据库存储空间的利用率和数据的存取效率，使数据库的性能下降。重组织的主要产品有全部重组织和部分重组织，同时只对频繁增、删的表进行重组。

数据库应用环境发生变化，会导致实体及实体间的联系也发生相应的变化，使原有的数据库设计不能很好地满足新的需求，所以需要数据库重构。主要产品通过增加新的应用或新的实体，取消某些已有应用和改变某些已有应用完成。重构有以下主要工作：

（1）增加新的数据项。
（2）改变数据项的类型。
（3）改变数据库的容量。
（4）增加或删除索引。
（5）修改完整性约束条件。

第 6 章

数据库实现技术

第 1 节　事务　　　　　　　　　/114
第 2 节　数据库恢复技术　　　　/116
第 3 节　并发控制　　　　　　　/120
第 4 节　数据库的完整性　　　　/132
第 5 节　数据库的安全性　　　　/136

数据库管理人员（基础知识）

本章主要介绍数据库实现技术，如数据库的恢复、并发控制、完整性控制和安全性控制等。

第1节　事　务

在讨论数据库恢复技术之前，先了解事务的概念和性质。

从用户的观点看，对数据库的某些操作应是一个整体，也就是一个独立的不可分割的工作单元。例如，用户认为银行转账（将一笔资金从一个账户A转到另一个账户B）是一个独立的操作，但在数据库系统中这是由转出和转入等几个操作组成的。显然，这些操作要么全都发生，要么由于出错（可能账户A已透支）而全不发生，保证这一点很重要。如果数据库只完成了部分操作，如只执行了转出或转入，那就有可能出现某个账户上无端地少了或者多出一些资金的情况。

所以，需要某种机制来保证某些操作序列的逻辑整体性。而这一点，如果交由应用程序来完成，其复杂性简直是不可想象的。DBMS已提供了实现这一目标的机制，这就是事务。

一、事务的概念

所谓事务是用户定义的一个数据库操作序列，这些操作要么全部成功运行，要么不执行其中任何一个操作，它是一个不可分割的工作单元。

在关系数据库中，一个事务可以是一条SQL语句、一组SQL语句或整个程序。事务和程序是两个概念。一般地讲，一个程序中包含多个事务。

【例6—1】　在SQL语言中，有3条定义事务的语句：

（1）BEGIN TRANSACTION，事务的开始。

（2）COMMIT TRANSACTION，事务提交，数据库的更新写入物理数据库中，此时该事务已告结束。

（3）ROLLBACK TRANSACTION，事务回滚，事务运行中出现故障时，事务中对数据库的所有更新全部取消，回滚到事务开始时状态。

二、事务的特性

从保证数据库完整性出发，DBMS需要维护事务的几个性质：原子性（Atomicity）、一致性（Consistency）、隔离性（Isolation）、持久性（Durability），简称为 ACID 特性。

1. 原子性

事务的原子性是指事务中包含的所有操作要么全做，要么一个也不做。一个事务对数据库的所有操作，是一个不可分割的逻辑工作单元。

事务开始之前数据库是一致的，事务执行完毕之后数据库还是一致的，但在事务执行的中间过程中数据库可能是不一致的。这就是需要原子性的原因：事务的所有活动在数据库中要么全部反映，要么全部不反映，以保证数据库是一致的。

2. 一致性

事务的隔离执行（在没有其他事务并发执行的情况下）必须保证数据库的一致性，即数据不会因事务的执行而遭受破坏。

所谓一致性，就是定义在数据库上的各种完整性约束。在系统运行时，由 DBMS 的完整性子系统执行测试任务，确保单个事务的一致性是对该事务编码的应用程序员的责任。事务应该把数据库从一个一致性状态转换到另外一个一致性状态。

3. 隔离性

即使每个事务都能确保一致性和原子性，但当几个事务并发执行时，它们的操作指令会以人们所不希望的某种方式交叉执行，这也可能会导致不一致的状态。

隔离性要求系统必须保证事务不受其他并发执行事务的影响，即要达到这样一种效果：对于任何一对事务 T_1 和 T_2，在 T_2 看来，T_2 要么在 T_1 开始之前已经结束，要么在 T_1 完成之后再开始执行。这样，每个事务都感觉不到系统中有其他事务在并发执行。

事务的隔离性确保事务并发执行后的系统状态与这些事务以某种次序串行执行后的状态是等价的。确保隔离性是 DBMS 并发子系统的责任。

4. 持久性

事务执行时数据库中的数据发生变化，但此变化只在系统不发生变化时才能实现。通过两点进行保证：事务的更新操作应在事务完成之前写入磁盘；事务的更新与写入磁盘两个操作应保存足够信息，足以使数据库在发生故障后重新启动时重构更新操作。

一个事务一旦成功完成，它对数据库的改变必须是永久的，即使是在系统遇到故障的情况下也不会丢失。数据的重要性决定了事务持久性的重要性。确保持久性是 DBMS 恢复子系统的责任。

保证事务 ACID 特性是事务处理的重要任务。事务的 ACID 特性可能遭到破坏的因素如下：

（1）多个事务并发执行，不同事务的操作交叉执行。

（2）事务在运行过程中被强行停止。

在第一种情况下，数据库管理系统必须保证多个事务的交叉运行不影响这些事务的原子性。在第二种情况下，数据库管理系统必须保证被强行终止的事务对数据库和其他事务没有任何影响。

第2节 数据库恢复技术

一、故障种类

1. 事务故障

事务故障指事务没有达到预期的终点（COMMIT 或显示的 ROLLBACK），数据库处于不正确状态。

事务故障分为非预期的和可以预期的两种。可以预期的故障，指程序中可以预先估计到的错误，可以在事务的代码中加入判断和 ROLLBACK 语句，当事务执行到 ROLLBACK 语句时，由系统对事务进行回滚操作，即执行 UNDO 操作。非预期的事务指程序中发生的未预料到的错误，应由系统直接对事务执行 UNDO 处理。

2. 系统故障

引起系统停止运行随后要求重新启动的事件称为系统故障，比如软件错误、硬件故障、断电等。系统故障会影响正在运行的所有事务，主存内容丢失，但不破坏数据库。重新启动时，对未完成事务作 UNDO 处理，对留在缓冲区的已提交事务进行 REDO 处理。

3. 介质故障

在发生介质故障或遭受病毒破坏时，磁盘上的物理数据库遭到毁灭性破坏。虽然故障发生的概率相对较小，但破坏性最大。

事务故障和系统故障的恢复由系统自动进行，而介质故障的恢复需要 DBA 配合执行。在实际中，系统故障通常称为软故障（Soft Crash），介质故障通常称为硬故障（Hard Crash）。

二、恢复实现技术

利用存储在系统其他地方的冗余数据重建数据库中已经被破坏或已经不正确的那部分数据，这就是数据库恢复技术。一般一个大型数据库产品，恢复子系统的代码要占全部代码的 10% 以上。

数据库的恢复包括以下两步。

1. 数据转储

转储是指 DBA 将整个数据库复制到磁带或另一个磁盘上保存起来的过程。这些备用的数据文本称为后备副本或后援副本。一旦系统发生介质故障，数据库遭到破坏，可以将后备副本重新装入，将数据库恢复。

2. 登记日志文件

日志文件是用来记录事务对数据库的更新操作的文件。不同的数据库系统采用的日志文件格式并不完全一样。

三、恢复策略

1. 事务故障的恢复

事务故障是指事务在运行过程中由于种种原因，使事务未运行至正常终止点就中断了。如输入数据的错误、运算溢出、违反了某些完整性限制、某些应用程序的错误以及并行事务发生死锁等。

恢复时，反向扫描文件日志，查找该事务的更新操作；对该事务的更新操作执行逆操作；继续反向扫描日志文件，查找该事务的其他更新操作，并做同样处理；如此处理下去，直至读到此事务的开始标记，事务故障恢复即告完成。

事务故障的恢复是由系统自动完成的，对用户是透明的。

2. 系统故障的恢复

系统故障是指系统在运行过程中由于某种原因，如操作系统或 DBMS 代码错误、操作失误、特定类型的硬件错误（如 CPU 故障）、突然停电等造成系统停止运行，致使所有正在运行的事务都以非正常方式终止。

恢复时，正向扫描日志文件（即从头扫描日志文件），找出在故障发生前已经提交的事务，将其事务标识记入重做队列，同时还要找出故障发生时尚未完成的事务，将其事务标识记入撤销队列；对撤销队列中的各个事务进行撤销处理，对重做队列中的各个事务进行重做处理。

系统故障的恢复是重新启动时由系统自动完成的，不需要用户干预。

3. 介质故障的恢复

发生介质故障后，磁盘上的物理数据和日志文件被破坏，这是最严重的一种故障。恢复方法是重装数据库，然后重做已完成的事务。

恢复时，装入最新的后备数据库副本，使数据库恢复到最近一次转储时的一致性状态；装入有关的日志文件副本，重做已完成的事务。

这样就可以将数据库恢复至故障前某一时刻的一致状态了。

介质故障的恢复需要 DBA 介入，但 DBA 只需要重装最近转储的数据库副本和有关的各日志文件副本，然后执行系统提供的恢复命令即可，具体的恢复操作仍由 DBMS 完成。

四、恢复方案

1. 带检查点的恢复技术

出现系统故障时需要查询大量的日志文件，为提高恢复效率，可设立检查点，使系统不必对整个日志文件搜索，对已经将更新操作写入数据库的事务不必重做。检查点与重新启动文件配合使用，每隔一段时间由系统自动产生。

（1）检查点的操作

1）把仍留在日志缓冲区中的内容写到日志文件中。

2）在日志文件中写入一个检查点记录（包括检查点时刻正在执行的所有事务的最近日志记录地址）。

3）把数据库缓冲区中的内容写入数据库中，即把更新的内容写到物理数据库中。

4）把日志文件中检查点记录的地址写到重新启动文件中。

（2）利用检查点进行系统恢复过程

1）从重新启动文件中获得最后一个检查点记录的地址。

2）从日志文件中找到该检查点记录内容。

3）通过日志文件往回找，决定哪些事务需撤销，哪些需重做。

2. 数据库镜像

随着磁盘容量越来越大，价格越来越便宜，为避免因磁盘介质出现故障影响数据库的使用，许多数据库管理系统提供了数据库镜像功能用于数据库恢复。即根据 DBA 的要求，自动把整个数据库或其中的关键数据复制到另一个磁盘上。每当主数据库更新时，DBMS 自动把更新后的数据复制过去，即 DBMS 自动保证镜像数据与主数据的一致性。

以 SQL Server 为例，数据库镜像维护一个数据库的两个副本，这两个副本必须驻留在不同的 SQL Server 数据库引擎服务器实例上。通常，这些服务器实例驻留在不同地点的计算机上。启动数据库上的数据库镜像操作时，在这些服务器实例之间形成一种关系，称为数据库镜像会话。

在数据库镜像会话中，主体服务器和镜像服务器作为伙伴进行通信和协作。两个伙伴在会话中扮演互补的角色：主体角色和镜像角色。在任何给定的时间，都是一个伙伴扮演主体角色，另一个伙伴扮演镜像角色。每个伙伴拥有其当前角色。拥有主体角色的伙伴称为主体服务器，其数据库副本为当前的主体数据库。拥有镜像角色的伙伴称为镜像服务器，其数据库副本为当前的镜像数据库。如果数据库镜像部署在生产环境中，则主体数据库即为生产数据库。

图6—1所示为数据库镜像的示意。

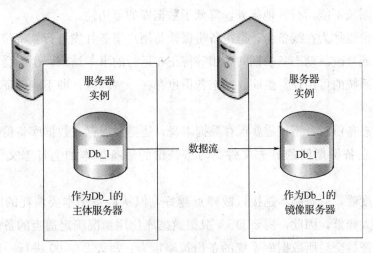

图6—1 数据库镜像

3. 数据库备份方案

（1）备份的含义。备份也称为转储，就是由DBA将数据库复制到磁带或另一个磁盘上保存起来的过程。系统恢复采取的策略简单地说就是采用冗余数据恢复的策略。一般的数据库管理系统都提供了备份工具。

在进行数据备份时，问题并不仅仅是简单地进行文件的复制。在此，当面对容量为几百MB，甚至是GB、TB级的数据库，完整的复制将在运行时间及后备副本所占用存储空间上付出沉重的代价。另外，在大型应用中，数据库一天24 h都是不停机的，在任何时候都有可能接收到对数据库更新的请求并响应，在执行事务的同时进行数据库的复制也会带来一系列的问题。所以备份必须通过周密的计划，按照一定的规则进行。

（2）备份的分类

1）按备份空间划分。可分为海量备份和增量备份。海量备份是指每次备份全部的数据库。增量备份则只备份上次备份过后更新过的数据。从备份所用的时间和空间上讲，海量备份所需代价要大一些，增量备份由于备份的数据量小，代价小一些。从管理角度看，海量备份要简单一些，而增量备份需要由最初的海量备份的后备副本和之后所有的增量备份的后备副本共同构成数据库的后备副本。如果数据库很大，而事务又非常频繁发生时，增量备份方式更实用、更有效。

2）按备份时间划分。可分为静态备份和动态备份。

①静态备份也称为离线备份，是在系统中无运行事务时进行的备份操作。静态备份操作在开始时刻，数据库处于一致性状态，在备份期间不允许对数据库进行任何存取、修改活动，静态备份一定能够得到一个一致性状态的后备副本。静态备份的优点是简单，但是由于在备份时系统不能运行其他事务，降低了数据库的可用性。

②动态备份也称为在线备份，是指备份操作与用户事务并发进行，备份期间允许对数据库进行存取或修改。动态备份期间不用等待正在运行的事务结束，也不会影响新事务的运行，提高了系统的可用性。然而，动态备份也存在一些问题，即不能保证后备副本的正确有效。

在利用动态备份时，不仅需要保存数据本身，还需要保存在数据库备份期间各事务的修改活动，建立备份期间的日志文件。动态备份的后备副本加上日志文件用于系统的恢复。

从恢复角度看，后备副本越接近故障点越好，但从后备副本要消耗的时间和空间来看，备份不能太频繁，因此，需要DBA根据数据库使用情况确定适当的备份周期和备份方法。例如某证券交易所数据库系统的备份策略定为：每天20：00进行一次动态增量备份，每周日24：00执行一次动态海量备份，每月最后一天24：00进行一次静态海量备份。

第3节 并发控制

一、并发控制概述

1. 并发操作可能带来的问题

当多个用户同时存取、修改数据库时，可能会发生相互干扰，从而得到错误的结果或者使数据库的完整性受到破坏。因此，DBMS对多用户的并发操作进行了控制和协调。对并发操作如果不进行合适的控制，可能会导致数据库中数据的不一致性。

并发操作带来的数据不一致性包括3类：丢失修改、不可重复读和读"脏"数据。

(1) 丢失修改。丢失修改是指事务1与事务2从数据库中读入同一数据并修改，事务2的提交结果破坏了事务1提交的结果，导致事务1的修改被丢失。一个最常见的例子是飞机票订票系统中的订票操作。该系统中的一个活动序列如下（见表6—1）：

1) 甲售票员读出某航班的机票余额A，设A＝16。

2) 乙售票员读出同一航班的机票余额 A,也为 16。

3) 甲售票点卖出一张机票,修改机票余额 A=A-1,A=15,把 A 写回数据库。

4) 乙售票点也卖出一张机票,修改机票余额 A=A-1,A=15,把 A 写回数据库。

结果明明卖出两张机票,数据库中机票余额只减少 1。

表 6—1　　　　　　　　　丢 失 修 改

T_1	T_2	T_1	T_2
①读 A=16		③A←A-1 写回 A=15	
②	读 A=16		
		④	A←A-1 写回 A=15

(2) 不可重复读（Non-repeatable Read）。不可重复读是指事务 1 读取数据后,事务 2 执行更新操作,使事务 1 无法再现前一次的读取结果。

事务 1 读取某一数据后（见表 6—2）：

1) 事务 2 对其做了修改,当事务 1 再次读该数据时,得到与前一次不同的值。

2) 事务 2 删除了其中部分记录,当事务 1 再次读取数据时,发现某些记录神秘地消失了。

3) 事务 2 插入了一些记录,当事务 1 再次按相同条件读取数据时,发现多了一些记录。

后两种不可重复读有时也称为幻影现象（Phantom Row）。

表 6—2　　　　　　　　　不 可 重 复 读

T_1	T_2	T_1	T_2
①读 A=50 读 B=100 求和=150		③读 A=50 读 B=200 求和=250 (验算不对)	
②	读 B=100 B←B×2 写回 B=200		

(3) 读"脏"数据。读"脏"数据是指事务 1 修改某一数据,并将其写回磁盘,事务 2 读取同一数据后,事务 1 由于某种原因被撤销,这时事务 1 已修改过的数据恢复原值,事务 2 读到的数据就与数据库中的数据不一致,是不正确的数据,称为"脏"数据（见表

6—3)。

表 6—3 读"脏"数据

T_1	T_2	T_1	T_2
①读 C=100		②	读 C=200
C←C×2			
写回 C		③ROLLBACK	
		C 恢复为 100	

2. 并发控制的必要性

数据库是一个共享资源,可以供多个用户使用。这些用户程序可以一个一个地串行执行,每个时刻只有一个用户程序运行,执行对数据库的存取,其他用户程序必须等到这个用户程序结束以后方能对数据库存取。如果一个用户程序涉及大量数据的输入/输出交换,则数据库系统的大部分时间将处于闲置状态。为了充分利用数据库资源,发挥数据库共享资源的特点,应该允许多个用户并行地存取数据库。但这样就会产生多个用户程序并发存取同一数据的情况,若对并发操作不加控制就可能会存取不正确的数据,破坏数据库的一致性。

因此数据库管理系统必须提供并发控制机制。并发控制的好坏是衡量一个数据库管理系统性能的重要标志之一。

二、封锁

封锁是控制并发执行的主要技术。锁（Lock）是一个与数据项相关的变量,对可能应用于该数据项上的操作而言,锁描述了该数据项的状态。通常在数据库中每个数据项都有一个锁。锁的作用是使并发事务对数据库中数据项的访问能够同步。

封锁就是事务 T 在对某个数据对象（例如表、记录等）操作之前,先向系统发出请求,对其加锁,加锁后事务 T 就对该数据对象有了一定的控制,在事务 T 释放它的锁之前,其他的事务不能更新此数据对象。

1. 锁的类型

DBMS 通常提供了多种类型的封锁。一个事务对某个数据对象加锁后究竟拥有什么样的控制是由封锁的类型决定的。

基本封锁类型如下：

（1）排它锁（eXclusive Lock,简记为 X 锁）。排它锁又称为写锁,若事务 T 对数据对象 A 加上 X 锁,则只允许 T 读取和修改 A,其他任何事务都不能再对 A 加任何类型的锁,直到 T 释放 A 上的锁。

(2) 共享锁 (Share Lock,简记为 S 锁)。共享锁又称为读锁,若事务 T 对数据对象 A 加上 S 锁,则其他事务只能再对 A 加 S 锁,而不能加 X 锁,直到 T 释放 A 上的 S 锁。

排它锁和共享锁的控制方式,可以通过表 6-4 的相容矩阵来表示。

表 6-4   基本锁的相容矩阵

T_2/T_1	X	S	—
X	N	N	Y
S	N	Y	Y
—	Y	Y	Y

注:Y=Yes,相容的请求;N=No,不相容的请求。

2. 封锁协议

在运用 X 锁和 S 锁对数据对象加锁时,需要约定一些规则,即封锁协议 (Locking Protocol)。比如何时申请 X 锁或 S 锁、持锁时间、何时释放等。

(1) 一级封锁协议 (见表 6-5)。事务 T 在修改数据 R 之前必须先对其加 X 锁,直到事务结束才释放。结束有正常结束 (COMMIT) 和非正常结束 (ROLLBACK)。

表 6-5   一级封锁协议

T_1	T_2	T_1	T_2
①Xlock A		Unlock A	等待
获得		④	获得 Xlock A
②读 A=16			读 A=15
	Xlock A		A←A-1
③A←A-1	等待	⑤	写回 A=14
写回 A=15	等待		Commit
Commit	等待		Unlock A

一级封锁协议可以防止丢失修改,并保证事务 T 是可恢复的。使用一级封锁协议可以解决丢失修改问题。在一级封锁协议中,如果仅仅是读数据而不对其进行修改是不需要加锁的,它不能保证可重复读和不读"脏"数据。

(2) 二级封锁协议 (见表 6-6)。二级封锁协议是:一级封锁协议加上事务 T 在读取数据 R 之前必须先对其加 S 锁,读完后方可释放 S 锁。二级封锁协议除防止了丢失修改,还可以进一步防止读"脏"数据。但在二级封锁协议中,由于读完数据后即可释放 S 锁,所以它不能保证可重复读。

表 6—6　　　　　　　　　　二级封锁协议

T_1	T_2	T_1	T_2
Slock A	Xlock B	获得	
获得	等待	读 A=50	
读 A=50	等待	Unlock A	
Unlock A	获得 Xlock B	Slock B	
Slock B	读 B=100	获得	
获得	B←B×2	读 B=200	
读 B=100	写回 B=200	Unlock B	
Unlock B	Commit	求和=250	
求和=150	Unlock B	(验算不对)	
Slock A			

(3) 三级封锁协议。三级封锁协议是：一级封锁协议加上事务 T 在读取数据 R 之前必须先对其加 S 锁，直到事务结束才释放。三级封锁协议除防止了丢失修改和不读"脏"数据外，还进一步防止了不可重复读。

表 6—7　　　　　　　　　　三级封锁协议

读"脏"数据		不读"脏"数据	
T_1	T_2	T_1	T_2
①Slock A		①Xlock C	
		读 C=100	
		C←C×2	
读 A=50		写回 C=200	
Slock B		②	
读 B=100	Xlock B		Slock C
求和=150	等待	③ROLLBACK	等待
②	等待	(C 恢复为 100)	等待
	等待	Unlock C	
	等待	④	等待
③读 A=50	等待		获得 Slock C
读 B=100	等待		读 C=100
求和=150	等待	⑤	Commit C
Commit	等待		
Unlock A	获得 Xlock B		
Unlock B	读 B=100		
④	B←B×2		
	写回 B=200		
	Commit		
⑤	Unlock B		

三个级别的封锁协议的主要区别，在于什么操作需要申请封锁以及何时释放锁（即持锁时间）。三个级别的封锁协议可以总结为表6—8。

表6—8　　　　　　　　　　封锁协议对比

	X锁		S锁		一致性保证		
	操作结束释放	事务结束释放	操作结束释放	事务结束释放	不丢失修改	不读"脏"数据	可重复读
一级封锁协议		√			√		
二级封锁协议	√		√		√	√	
三级封锁协议		√		√	√	√	√

3. 活锁和死锁

封锁技术可以有效地解决并行操作的一致性问题，但也带来一些新的问题，即活锁和死锁。

（1）活锁。系统可能使某个事务永远处于等待状态，得不到封锁的机会，这种现象称为活锁（Live Lock），见表6—9。解决活锁问题简单的方法是采用"先来先服务"的策略，也就是简单的排队方式。

表6—9　　　　　　　　　　活　　锁

T_1	T_2	T_3	T_4
Lock R	·	·	·
·	Lock R	·	·
·	等待	Lock R	·
Unlock	等待	·	Lock R
·	等待	Lock R	等待
·	等待	·	等待
·	等待	Unlock	等待
·	等待	·	Lock R
·	等待		

如果运行时事务有优先级，那么优先级低的事务即使排队也很难轮上封锁的机会。此时可采用升级方法来解决，也就是当一个事务等待若干时间（比如5 min）还轮不上封锁时，可以提高其优先级别，这样总能轮上封锁。

（2）死锁。系统中有两个或两个以上的事务都处于等待状态，并且每个事务都在等待其中另一个事务解除封锁，它才能继续执行下去，结果造成任何一个事务都无法继续执行,这种现象称系统进入了死锁(Dead Lock)状态(见表6—10)。

表6—10　　　　　　　　　　死　　锁

T_1	T_2	T_1	T_2
Lock R_1	·	等待	Lock R_1
·	Lock R_2	等待	等待
·	·	等待	等待
Lock R_2	·	·	·
等待			

在数据库中解决死锁问题主要有两类方法:一类是采取一定措施来预防死锁的发生;另一类是允许发生死锁,采用一定手段定期诊断系统中有无死锁,若有则解除。

1)预防死锁。产生死锁的原因是两个或多个事务都已封锁了一些数据对象,然后又都请求对已被其他事务封锁的数据对象加锁。预防死锁的发生就是要破坏产生死锁的条件。预防死锁的方法如下:

①一次封锁法。要求每个事务必须一次将所有要使用的数据全部加锁,否则就不能继续执行。

一次封锁法存在的问题:降低并发度,扩大封锁范围,将以后要用到的全部数据加锁,势必扩大了封锁的范围,从而降低了系统的并发度。难以事先精确确定封锁对象,数据库中的数据是不断变化的,原来不要求封锁的数据,在执行过程中可能会变成封锁对象,所以很难事先精确地确定每个事务所要封锁的数据对象。可以将事务在执行过程中可能要封锁的数据对象全部加锁,这样可以进一步降低并发度。

②顺序封锁法。顺序封锁法是预先对数据对象规定一个封锁顺序,所有事务都按这个顺序实行封锁。

顺序封锁法存在的问题:一是维护成本高,数据库系统中可封锁的数据对象很多,并且随着数据的插入、删除等操作而不断地变化,要维护这样极多而且变化的资源的封锁顺序非常困难,成本很高。二是难以实现。事务的封锁请求可以随着事务的执行而动态地决定,很难事先确定每一个事务要封锁哪些对象,因此也就很难按规定的顺序施加封锁。

可见,在操作系统中广为采用的预防死锁的策略并不适合数据库的特点,因此DBMS在解决死锁的问题上普遍采用的是诊断并解除死锁的方法。

2)死锁的诊断与解除。允许死锁发生,之后解除死锁,由DBMS的并发控制子系统定期检测系统中是否存在死锁。一旦检测到死锁,就要设法解除。

①超时法。如果一个事务的等待时间超过了规定的时限,就认为发生了死锁。优点是

实现简单，缺点是有可能误判死锁。时限若设置得太长，死锁发生后不能及时发现。

②等待图法。用事务等待图动态反映所有事务的等待情况。事务等待图是一个有向图 $G=(T,U)$，T 为节点的集合，每个节点表示正运行的事务，U 为边的集合，每条边表示事务等待的情况，若 T_1 等待 T_2，则 T_1、T_2 之间画一条有向边，从 T_1 指向 T_2。并发控制子系统周期性地（比如每隔 1 min）检测事务等待图，如果发现图中存在回路，则表示系统中出现了死锁。

③解除死锁。选择一个处理死锁代价最小的事务，将其撤销，释放此事务持有的所有的锁，使其他事务能继续运行下去。

三、并发调度的可串行性

1. 并发控制的正确性

计算机系统对并行事务中并行操作的调度是随机的，而不同的调度可能会产生不同的结果。

将所有事务串行起来的调度策略一定是正确的调度策略。如果一个事务运行过程中没有其他事务在同时运行，也就是说它没有受到其他事务的干扰，那么就可以认为该事务的运行结果是正常的或者预想的。

（1）可串行化的调度（见表 6—11）

表 6—11　　　　　　　　　　可串行化的调度

串行调度策略 Ⅰ		串行调度策略 Ⅱ	
T_1	T_2	T_1	T_2
Slock B			Slock A
Y=B=2			X=A=2
Unlock B			Unlock A
Xlock A			Xlock B
A=Y+1			B=X+1
写回 A（=3）			写回 B（=3）
Unlock A			Unlock B
	Slock A	Slock B	
	X=A=3	Y=B=3	
	Unlock A	Unlock B	
	Xlock B	Xlock A	
	B=X+1	A=Y+1	
	写回 B（=4）	写回 A（=4）	
	Unlock B	Unlock A	

(2) 不可串行化的调度（见表 6—12）

表 6—12　　　　　　　　　　不可串行化的调度和修改

不可串行化的调度		修改后的调度	
T_1	T_2	T_1	T_2
Slock B		Slock B	
Y=B=2		Y=B=2	
	Slock A	Unlock B	
	X=A=2	Xlock A	
Unlock B			Slock A
	Unlock A	A=Y+1	等待
Xlock A		写回 A（=3）	等待
A=Y+1		Unlock A	等待
写回 A（=3）			X=A=3
	Xlock B		Unlock A
	B=X+1		Xlock B
	写回 B（=3）		B=X+1
Unlock A			写回 B（=4）
	Unlock B		Unlock B

以不同的顺序串行执行事务也有可能会产生不同的结果，但由于不会将数据库置于不一致状态，所以都可以认为是正确的。

几个事务的并行执行是正确的，当且仅当其结果与按某一次序串行地执行它们时的结果相同。这种并行调度策略称为可串行化（Serializable）的调度。可串行性是并行事务正确性的唯一准则。

2. 两段锁协议

为了保证并行操作的正确性，DBMS 的并行控制机制必须提供一定的手段来保证调度是可串行化的。从理论上讲，在某一事务执行时禁止其他事务执行的调度策略一定是可串行化的调度，这也是最简单的调度策略，但这种方法实际上是不可行的，因为它使用户不能充分共享数据库资源。

(1) 两段锁协议的内容。两段锁（Two-Phase Locking，2PL）协议是保证并发操作调度正确性的方法，主要定义以下内容：

1) 在对任何数据进行读、写操作之前，事务首先要获得对该数据的封锁。

2) 而且在释放一个封锁之后，事务不再获得任何其他封锁。

两段锁即事务分为两个阶段：第一阶段是获得封锁，也称为扩展阶段。在这个阶段，事务可以申请获得任何数据项上的任何类型的锁,但是不能释放任何锁。第二阶段是释放封锁,也称为收缩阶段。在这个阶段,事务可以释放任何数据项上的任何类型的锁,但是不能再申请任何锁。

【例 6—2】 事务 1 的封锁序列:

Slock A…Slock B…Xlock C…Unlock B…Unlock A…Unlock C;

事务 2 的封锁序列:

Slock A…Unlock A…Slock B…Xlock C…Unlock C…Unlock B;

事务 1 遵守两段锁协议,而事务 2 不遵守两段锁协议。

(2)两段锁协议与串行调度。并行执行的所有事务均遵守两段锁协议,则对这些事务的所有并行调度策略都是可串行化的。所有遵守两段锁协议的事务,其并行执行的结果一定是正确的。事务遵守两段锁协议是可串行化调度的充分条件,而不是必要条件。可串行化的调度中,不一定所有事务都必须符合两段锁协议。

遵守两段锁协议和不遵守两段锁协议的调度示意见表 6—13。

表 6—13　　　　遵守两段锁协议和不遵守两段锁协议的调度示意

遵守两段锁协议		不遵守两段锁协议	
T_1	T_2	T_1	T_2
Slock B		Slock B	
读 B=2		读 B=2	
Y=B		Y=B	
Xlock A		Unlock B	
	Slock A	Xlock A	
	等待		Slock A
	等待		等待
A=Y+1	等待	A=Y+1	等待
写回 A=3	等待	写回 A=3	等待
Unlock B	等待	Unlock A	等待
Unlock A	Slock A		Slock A
	读 A=3		读 A=3
	Y=A		X=A
	Xlock B		Unlock A
	B=Y+1		Xlock B
	写回 B=4		B=X+1
	Unlock B		写回 B=4
	Unlock A		Unlock B

(3) 两段锁协议的对比

1) 两段锁协议与防止死锁的一次封锁法对比。一次封锁法要求每个事务必须一次将所有要使用的数据全部加锁，否则就不能继续执行，因此一次封锁法遵守两段锁协议。但是两段锁协议并不要求事务必须一次将所有要使用的数据全部加锁，因此遵守两段锁协议的事务可能发生死锁，见表6—14。

表6—14　　　　　　　　遵守两段锁协议的事务发生死锁

T_1	T_2	T_1	T_2
Slock B 读 B=2		Xlock A 等待	Xlock A 等待
	Slock A 读 A=2	等待	等待

2) 两段锁协议与三级封锁协议对比。两段锁协议与三级封锁协议属于两类不同目的的协议。两段锁协议保证并发调度的正确性，三级封锁协议在不同程度上保证数据一致性。遵守第三级封锁协议必然遵守两段锁协议。

四、封锁粒度

1. 封锁粒度的概念与原则

(1) 封锁粒度的概念。数据库中为了实现并发控制而采用封锁技术，封锁对象的大小称为封锁粒度（Granularity）。

封锁的对象可以是逻辑单元，也可以是物理单元。以关系数据库为例，封锁对象可以是这样一些逻辑单元：属性值、属性值的集合、元组、关系、索引项、整个索引项直至整个数据库；也可以是一些物理单元，如页（数据页或索引页）、物理记录等。

锁定的粒度与系统的并发度和并发控制的代价密切相关。一般地说，锁定的粒度越大，需要锁定的对象就越少，可选择性就越小，并发度就越小，代价就越小；反之，锁定的粒度越小，需要锁定的对象就越多，可选择性就越大，并发度就越大，代价就越大。

(2) 封锁粒度的原则

1) 需要处理多个关系的大量元组的用户事务：以数据库为封锁单位。
2) 需要处理大量元组的用户事务：以关系为封锁单元。
3) 只处理少量元组的用户事务：以元组为封锁单位。

2. 多粒度封锁

多粒度封锁（Multiple Granularity Locking）是在一个系统中同时支持多种封锁粒度供不同的事务选择。

多粒度封锁协议允许多粒树中的每个节点被独立加锁。对一个节点加锁意味着这个节点的所有后裔节点也被加以同样类型的锁。根节点是整个数据库，表示最大的数据粒度，叶节点表示最小的数据粒度。

【例 6—3】 三级粒度树如图 6—2 所示。根节点为数据库，数据库的子节点为关系，关系的子节点为元组。

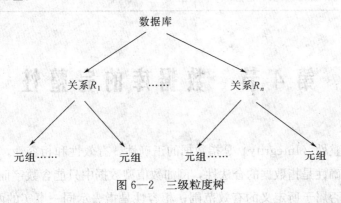

图 6—2 三级粒度树

在多粒度封锁中一个数据对象可能以两种方式封锁：显式封锁和隐式封锁。显式封锁是直接加到数据对象上的封锁，隐式封锁是由于其上级节点加锁而使该数据对象加上了锁。

一般地说，对某个数据对象加锁，系统要检查该数据对象有无显式封锁与之冲突；检查所有上级节点，检查本事务的显式封锁是否与该数据对象上的隐式封锁冲突（由上级节点封锁造成的）；还要检查所有下级节点，看上面的显式封锁是否与本事务的隐式封锁（将加到下级节点的封锁）冲突。

3. 意向锁

如果对一个节点加意向锁，则说明该节点的下层节点正在被加锁；对任一节点加锁时，必须先对它的上层节点加意向锁。

例如，对任一元组加锁时，必须先对它所在的关系加意向锁。

因此，事务 T 要对关系 R_1 加 X 锁时，系统只要检查根节点数据库和关系 R_1 是否已加了不相容的锁，而不再需要搜索和检查尺中的每一个元组是否加了 X 锁。

常用的意向锁主要有三种，见表 6—15。

表 6—15　　　　　　　　　　常用意向锁的种类

类　别	说　明
意向共享锁 （Intent Share Lock，IS 锁）	如果对一个数据对象加 IS 锁，表示它的后裔节点拟（意向）加 S 锁
意向排它锁 （Intent Exclusive Lock，IX 锁）	如果对一个数据对象加 IX 锁，表示它的后裔节点拟（意向）加 X 锁
共享意向排它锁 （Share Intent Exclusive Lock，SIX 锁）	如果对一个数据对象加 SIX 锁，表示对它加 S 锁，再加 IX 锁

第 4 节　数据库的完整性

数据库的完整性（Integrity）是指数据的正确性、有效性和相容性，防止错误的数据进入数据库。正确性是指数据的合法性，例如数值型数据中只能含数字而不能含字母；有效性是指数据是否属于所定义的有效范围；相容性是指表示同一事实的两个数据应相同，不一致就是不相容。

一、实体完整性

1. 实体完整性的定义

实体完整性指表中行的完整性。要求表中的所有行都有唯一的标识符，称为主关键字。主关键字是否可以修改，或整个列是否可以被删除，取决于主关键字与其他表之间要求的完整性。

实体完整性要求每一个表中的主关键字段都不能为空或者重复的值。

2. 实体完整性检查和违约处理

（1）检查主属性值是否唯一，如果不唯一则拒绝插入或修改。

（2）检查主属性的各个属性是否为空，只要有一个为空就拒绝插入或修改。

实体完整性规则如下：若属性 A 是基本关系 R 的主属性，则属性 A 不能取空值。例如，在学生关系 S（S#，SN，SS，SA，SD）中，S# 属性为主属性，则 S# 不能取空值。

实体完整性规则规定基本关系的所有主属性都不能取空值，而不仅是主属性整体不能取空值。例如，学生选课关系 SC（S#，C#，G）中，（S#，C#）为主属性，则 S# 和

C#都不能取空值。

二、参照完整性

1. 参照完整性的定义

当更新、删除、插入一个表中的数据时,通过参照引用相互关联的另一个表中的数据,来检查对表的数据操作是否正确。简单地说就是表间主属性与外属性的关系。

参照完整性规则如下:若属性(或属性组)F是基本关系R的外属性,它与基本关系S的主属性K相对应(基本关系R和S不一定是不同的关系),则对于R中每个元组在F上的值必须:或者取空值(F的每个属性值均为空值);或者等于S中某个元组的主属性值。

参照完整性属于表间规则。对于永久关系的相关表,在更新、插入或删除记录时,如果只改其一不改其二,就会影响数据的完整性。例如,修改父表中关键字值后,子表关键字值未做相应改变;删除父表的某记录后,子表的相应记录未删除,致使这些记录成为孤立记录;对于子表插入的记录,父表中没有相应关键字值的记录。对于这些设计表间数据的完整性,统称为参照完整性。

2. 参照完整性检查和违约处理

(1) 参照完整性检查。参照完整性是相关联的两个表之间的约束,具体说,就是从表中每条记录外属性的值必须是主表中存在的。因此,如果在两个表之间建立了关联关系,则对一个关系进行的操作要影响到另一个表中的记录。

【例6—4】 如果在学生表和选修课之间用学号建立关联,学生表是主表,选修课是从表,那么,在向从表中输入一条新记录时,系统要检查新记录的学号是否在主表中已存在,如果存在,则允许执行输入操作,否则拒绝输入,这就是参照完整性。

参照完整性还体现在对主表中的删除和更新操作。例如,如果删除主表中的一条记录,则从表中凡是外属性的值与主表的主属性值相同的记录也会被同时删除,将此称为级联删除;如果修改主表中主关键字的值,则从表中相应记录的外属性值也随之被修改,将此称为级联更新。

(2) 参照完整性违约处理

1) 拒绝(NO ACTION)执行默认策略。
2) 级联(CASCADE)操作。
3) 设置为空值(SET NULL)。

三、用户定义的完整性

实体完整性和参照完整性适用于任何关系数据库系统。除此之外，不同的关系数据库系统根据其应用环境的不同，往往还需要一些特殊的约束条件。用户定义的完整性就是针对某一具体关系数据库的约束条件，它反映某一具体应用所涉及的数据必须满足的语义要求。例如，学生关系的年龄在15～30之间，选修关系的成绩必须在0～100之间等。

用户定义的完整性就是针对某一具体应用的数据必须满足的语义要求 RDBMS 提供，而不必由应用程序承担。

1. 属性上约束条件的定义

属性上约束又称列级约束，是对一个列的取值域的说明，这是最常见、最简单同时也最容易实现的一类完整性约束，包括以下几方面：

（1）对数据类型的约束，包括数据的类型、长度、单位、精度等。

（2）对数据格式的约束。

（3）对取值范围或取值集合的约束。

（4）对空值的约束。空值表示未定义或未知的值，它与零值和空格不同。有的列允许空值，有的则不允许。

（5）其他约束。例如，关于列的排序说明、组合列等。

属性上约束在 CREATE TABLE 时定义：列值非空（NOT NULL）和列值唯一（UNIQUE）。检查列值是否满足一个布尔表达式（CHECK），不允许取空值，列值唯一，用 CHECK 短语指定列值应该满足的条件。

2. 元组上的约束条件的定义

静态元组约束是规定组成一个元组的各个列之间的约束关系。例如，工资关系中的实发工资＝应发工资－应扣工资，订货关系中发货量不得超过订货量等。静态元组约束只局限在单个元组上，因此比较容易实现。

动态元组约束是指修改某个元组的值时需要参照其旧值，并且新旧值之间需要满足某种约束条件。

在 CREATE TABLE 时可以用 CHECK 短语定义元组上的约束条件，即元组级的限制，同属性值限制相比，元组级的限制可以设置不同属性之间取值的相互约束条件。

3. 约束条件的检查和违约处理

插入元组或修改属性的值时，RDBMS 检查属性上的约束条件是否被满足，如果不满足则操作被拒绝执行。

四、触发器

触发器（Trigger）是用户定义在关系表上的一类由事件驱动的特殊过程，由服务器自动激活，可以进行更为复杂的检查和操作，具有更精细和更强大的数据控制能力。

1. 定义触发器

创建触发器的语法如下：

CREATE TRIGGER ＜触发器名＞
　　｛BEFORE｜AFTER｝＜触发事件＞ ON ＜表名＞
　　FOR EACH｛ ROW｜STATEMENT｝
　　［WHEN ＜触发条件＞］
　　＜触发动作体＞

语法说明见表 6—16。

表 6—16　　　　　　　　　　　　　触发器语法说明

语　法	说　　明
创建者	表的拥有者
触发器名	触发器名可以包含模式名，也可以不包含模式名
表名	触发器的目标表
触发事件	INSERT、DELETE、UPDATE
触发器类型	行级触发器（FOR EACH ROW），语句级触发器（FOR EACH STATEMENT）
触发条件	触发条件为真，省略 WHEN 触发条件
触发动作体	触发动作体可以是一个匿名 PL/SQL 过程块，也可以是对已创建存储过程的调用

2. 执行触发器

触发器的执行是由触发事件激活的，并由数据库服务器自动执行。一个数据表上可能定义了多个触发器，同一个表上的多个触发器激活时遵循如下的执行顺序：

（1）执行该表上的 BEFORE 触发器。

（2）激活触发器的 SQL 语句。

（3）执行该表上的 AFTER 触发器。

3. 删除触发器

使用 DROP TRIGGER 语句删除触发器的语法格式为：

DROP TRIGGER ＜触发器名＞ ON ＜表名＞；

触发器必须是一个已经创建的触发器，并且只能由具有相应权限的用户删除。

例如：

DROP TRIGGER tr_lwqk_update ON TeacherListed

当用户删除某个表格时，所有建立在该表上的触发器都将被删除。

第5节 数据库的安全性

数据库的一大特点是数据可以共享，但数据共享必然带来数据库的安全性问题。数据库的安全性是指保护数据库，防止因用户非法使用数据库造成数据泄露、被更改或被破坏。数据库中放置了组织、企业、个人的大量数据，其中许多数据可能是非常关键的、机密的或者涉及个人隐私的，如果DBMS不能严格地保证数据库中数据的安全性，就会严重制约数据库的应用。

一、安全控制概述

一般说来，安全的系统会利用一些专门特性来控制对信息的访问，只有经过适当授权的人，或者以这些人的名义进行的进程可以读、写、创建和删除这些信息。随着计算机硬件的发展，计算机中存储的程序和数据的量越来越大，如何保障存储在计算机中的数据不丢失是任何计算机应用部门要首先考虑的问题，计算机的硬件、软件生产厂家也在努力研究和不断解决这个问题。造成计算机中存储数据丢失的原因主要是：病毒侵蚀、人为窃取、计算机电磁辐射、计算机存储器硬件损坏等。

在计算机系统内，安全措施是通过若干层次来解决的。图6—3所示是常用的安全控制模型，由图中可以看出，用户从进入计算机系统，到访问保存在存储设备中的数据，需要经过多级检查。

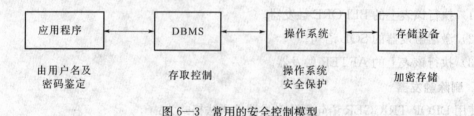

图6—3 常用的安全控制模型

作为最终用户，总是要通过应用程序来访问数据库，在开发应用程序时，为应用程序设置用户，只有输入正确用户名及密码的用户才能进入系统，使用到数据库中的资源。

第二层是数据库管理系统 DBMS 级的控制。这一级的工作是数据库管理员日常管理工作中非常重要的一个环节。在数据库系统中，为了保证用户只能访问有权限存取的数据，要对每个用户定义存取权限，规定了合法用户及用户对数据的操作类别和内容后，DBMS 将对用户的操作请求进行控制，决定是接受操作请求还是拒绝请求。

第三层是操作系统。操作系统是计算机系统中最重要的系统软件。所有用户使用计算机时必须首先得到操作系统的认可。

最后一层的安全控制在于存储设备的加密处理。通过对存储设备中数据的加密处理，即使存储设备丢失了，盗窃者也不能获得真实的数据，或即使获得了数据但数据也已经过期。

二、安全控制方法

1. 用户身份与认证

用户身份和认证是系统提供的最外层安全保护措施。其方法是由系统提供一定的方式让用户使用自己的名字或身份。系统内部记录着所有合法用户的身份，每次用户要求进入系统时，由系统将用户提供的身份与系统内部记录的合法用户身份进行核对，通过认证后才提供机器使用权。用户身份和认证的方法有很多种，而且在一个系统中往往是多种方法并举，以获得更强的安全性。

最常用的方法是用一个用户名或用户身份来标明用户身份，系统认证此用户是否是合法用户，若是，则可进入下一步的核实；若不是，则不能使用计算机。为了进一步核实用户，在用户输入了合法用户名或用户身份后，系统常常要求用户输入口令，然后系统核对口令以认证用户身份。为保密起见，用户在终端上输入的口令不显示在屏幕上。通过用户名和口令来认证用户的方法简单易行，但用户名与口令容易被人窃取，因此还可以用更复杂的方法。例如，每个用户都预先约定好一个计算过程或者函数，认证用户身份时，系统提供一个随机数，用户根据自己预先约定的计算过程或者函数进行计算，系统根据用户计算结果是否正确进一步认证用户身份。用户可以约定比较简单的计算过程或函数，以便计算起来方便；也可以约定比较复杂的计算过程或函数，以便安全性更好。用户身份和认证可以重复多次。

2. 存取控制

在数据库系统中，为了保证用户只能访问有权存取的数据，必须预先对每个用户定义存取权限。对于通过认证获得上机权的用户（即合法用户），系统根据其存取权限定义对用户的各种操作请求进行控制，确保用户只执行合法操作。

存取权限是由两个要素组成的：数据对象和操作类型。定义一个用户的存取权限就是要定义这个用户可以在哪些数据对象上进行哪些类型的操作。在数据库系统中，定义存取权限称为授权。这些授权定义经过编译后存放在数据字典中。对于获得上机权后又进一步发出存取数据库操作的用户，DBMS 查找数据字典，根据其存取权限对操作的合法性进行检查，若用户的操作请求超出了定义的权限，系统将拒绝执行此操作。关系系统的存取权限见表 6—17。

表 6—17　　　　　　　　　关系系统的存取权限

数据对象	操作类型
模式	建立、修改、检索
外模式	建立、修改、检索
内模式	建立、修改、检索
表	查找、插入、修改、删除
列	查找、插入、修改、删除

衡量授权机制是否灵活的一个重要指标是授权粒度，即可以定义的数据对象的范围。授权定义中数据对象的粒度越细，即可以定义的数据对象的范围越小，授权子系统就越灵活。

在关系系统中，实体以及实体间的联系都用单一的数据结构也就是表来表示，表由行和列组成。所以在关系数据库中，授权的数据对象粒度包括表、属性列、行（记录）。另外，还可以在存取谓词中引用系统变量，如终端设备号、系统时钟等，这就是与时间地点有关的存取权限，这样用户只能在某段时间内的某台终端上存取有关数据。

因此，授权粒度越细，授权子系统就越灵活，能够提供的安全性就越完善；但因数据字典变大变复杂，系统定义与检查权限的代价也会相应增大。

3. 视图机制

进行存取权限的控制，不仅可以通过授权与收回权力来实现，还可以通过定义视图来提供一定的安全保护功能。在关系系统中，就是为不同的用户定义不同的视图，通过视图机制把要保密的数据对无权存取这些数据的用户隐藏起来，从而自动地对数据提供一定程度的安全保护。在视图的基础上还可以进一步对视图进行授权。由于视图的主要功能在于提供数据的独立性，其安全保护功能不太精细，所以在实际应用中通常是视图机制与授权机制配合使用,先用视图屏蔽掉一部分保密数据,然后在视图上再进一步定义存取权限。

4. 审计

上述安全性措施都是强制性机制,将用户对数据的操作限定在规定的范围之内。实际上,无论什么样的安全系统都不是无懈可击的,总有人能够突破安全机制,盗取和破坏数据。当数据非常敏感,或者对数据的处理非常关键时,经常采取审计的技术作为预防手段,监测可能发生的非法行为。

审计追踪使用的是一个专用文件或数据库,系统自动将用户对数据库的所有操作记录在上面,利用审计追踪的信息,就能重现导致数据库现有状况的一系列事件,以找到非法存取数据的人。

审计通常会占用很多时间和空间,所以 DBMS 往往都将其作为可选特征,允许 DBA 根据应用对安全性的要求,灵活地打开或关闭审计功能。审计功能一般用于安全性要求较高的业务。

三、数据加密技术

对于高度敏感数据,例如财务数据、军事数据、国家机密,除以上安全性措施外,还可以采用数据加密技术,以密码形式存储和传输数据。用户正常检索数据时,先要提供密钥,由系统进行译码后,才能得到可识别的数据。

所有提供加密机制的系统必然也提供相应的解密程序。这些解密程序本身也必须具有一定的安全性保护措施,否则数据加密的优点就遗失殆尽了。由于数据加密与解密是比较费时的操作,而且数据加密与解密程序会占用大量系统资源,因此数据加密功能通常也作为可选特征,允许用户自由选择,只对高度机密的数据加密。

1. 数据库加密技术的功能特性

(1) 身份认证。用户除提供用户名、口令外,还必须按照系统安全要求提供其他相关安全凭证。如使用终端密钥。

(2) 通信加密与完整性保护。有关数据库的访问在网络传输中都被加密,通信一次一密的意义在于防重放、防篡改。

(3) 数据库数据存储加密与完整性保护。数据库系统采用数据项级存储加密,即数据库中不同的记录、每条记录的不同字段都采用不同的密钥加密,辅以校验措施来保证数据库数据存储的保密性和完整性,防止数据的非授权访问和修改。

(4) 数据库加密设置。系统中可以选择需要加密的数据库列,以便于用户选择那些敏感信息进行加密而不是全部数据都加密。只对用户的敏感数据加密可以提高数据库访问速度。这样有利于用户在效率与安全性之间进行自主选择。

（5）多级密钥管理模式。主密钥和主密钥变量保存在安全区域，二级密钥受主密钥变量加密保护，数据加密的密钥存储或传输时利用二级密钥加密保护，使用时受主密钥保护。

（6）安全备份。系统提供数据库明文备份功能和密钥备份功能。

2. 数据加密的算法

加密算法是一些公式和法则，它规定了明文和密文之间的转换方法。密钥是控制加密算法和解密算法的关键信息，它的产生、传输、存储等工作是十分重要的。

数据加密的基本过程包括对明文（即可读信息）进行翻译，译成密文或密码的代码形式。该过程的逆过程为解密，即将该编码信息转化为其原来形式的过程。

DES算法（Data Encryption Standard）是由IBM公司在20世纪70年代发展起来的，1976年11月被美国政府采用，DES随后被美国国家标准局和美国国家标准协会（American National Standard Institute，ANSI）承认。DES算法把64位的明文输入块变为64位的密文输出块，它所使用的密钥也是64位，DES算法中只用到64位密钥中的其中56位。DES的密码缺点是密钥长度相对比较短，因此又提出三重DES。这种方法使用两个独立的56位密钥对交换的信息进行3次加密，对安全性有特殊要求时则要采用它。

RSA算法是第一个能同时用于加密和数字签名的算法，也易于理解和操作。普遍认为是目前最优秀的公钥方案之一。AES是美国高级加密标准算法，具有强安全性、高性能、高效率、易用和灵活等优点。AES算法主要包括三个方面：轮变化、圈数和密钥扩展。

3. 数据加密的实现

使用数据库安全保密中间件对数据库进行加密是最简便、直接的方法。主要是通过系统加密、DBMS内核层（服务器端）加密和DBMS外层（客户端）加密。

系统加密时，在系统中无法辨认数据库文件中的数据关系，将数据先在内存中进行加密，然后文件系统把每次加密后的内存数据写入到数据库文件中去，读入时再逆向解密。这种加密方法相对简单，只要妥善管理密钥就可以了。缺点是对数据库的读写都比较麻烦，每次都要进行加解密的工作，对程序的编写和读写数据库的速度都会有影响。

在DBMS内核层实现加密，需要对数据库管理系统本身进行操作。这种加密是指数据在物理存取之前完成加解密工作。这种加密方式的优点是加密功能强，并且加密功能几乎不会影响 DBMS 的功能，可以实现加密功能与数据库管理系统之间的无缝耦合。其缺点是加密运算在服务器端进行，加重了服务器的负载，而且 DBMS 和加密器之间的接口需要 DBMS 开发商的支持。

在 DBMS 外层实现加密的优势是不会加重数据库服务器的负载，并且可实现网上传输。加密比较可行的做法是将数据库加密系统做成 DBMS 的一个外层工具，根据加密要求自动实现对数据库数据的加解密处理。

参 考 文 献

1　王珊，萨师煊. 数据库系统概论（第4版）[M]. 北京：高等教育出版社，2006.

2　Abraham Silberschatz, Henry F. Korth, S. Sudarshan. 数据库系统概念（第6版）[M]. 杨冬青，李红燕，唐世渭等译. 北京：机械工业出版社，2012.

3　Hector Garcia - Molina, Jeffrey D. Ullman, Jennifer Widom. 数据库系统实现（第2版）[M]. 杨冬青，吴愈青，包小源等译. 北京：机械工业出版社，2012.

4　Jeffrey D. Ullman, Jennifer Widom. 数据库系统基础教程（第3版）[M]. 岳丽华，金培权，万寿红等译. 北京：机械工业出版社，2009.

5　Gavin Powell. 数据库设计入门经典[M]. 沈洁，王洪波，赵恒等译. 北京：清华大学出版社，2007.

6　Thomas M. Connolly, Carolyn E. Begg. 数据库设计教程[M]. 何玉洁，梁琦等译. 北京：机械工业出版社，2005.

7　王亚平，刘强. 全国计算机技术与软件专业技术资格（水平）考试：数据库系统工程师教程[M]. 北京：清华大学出版社，2004.

8　教育部考试中心. 全国计算机等级考试三级教程：数据库技术（2011年版）[M]. 北京：高等教育出版社，2010.

9　Raghu Ramakrishnan, Johannes Gehrke. 数据库管理系统：原理与设计（第3版）[M]. 周立柱，张志强，李超，王煜等译. 北京：清华大学出版社，2004.

10　盖国强. 循序渐进Oracle：数据库管理、优化与备份恢复[M]. 北京：人民邮电出版社，2011.

11　Robert Vieria. SQL Server 2008编程入门经典（第3版）[M]. 马煜，孙晧等译. 北京：清华大学出版社，2010.

12　严冬梅. 数据库原理[M]. 北京：清华大学出版社，2011.

13　施伯乐，丁宝康，汪卫. 数据库系统教程[M]. 北京：高等教育出版社，2008.

14　Jiawei Han, Micheline Kamber. 数据挖掘：概念与技术（第2版）[M]. 范明，孟小峰等译. 北京：机械工业出版社，2007.

15　Willian H. Inmon. 数据仓库（第4版）[M]. 王志海等译. 北京：机械工业出版社，2006.

16　牛新庄. DB2 数据库性能调整和优化 [M]. 北京：清华大学出版社，2009.

17　何世晓，杜朝晖. Linux 系统案例精解：存储、Oracle 数据库、集群、性能优化、系统管理、网络配置 [M]. 北京：清华大学出版社，2010.

18　Robert Vieira. SQL Server 2008 高级程序设计 [M]. 杨华，腾灵灵等译. 北京：清华大学出版社，2010.